葡萄籽提取物原花青素质量标准研究

孙君茂　朱　宏　梁克红　主编

陈萌山　主审

中国农业出版社

北　京

图书在版编目（CIP）数据

葡萄籽提取物原花青素质量标准研究 / 孙君茂，朱宏，梁克红主编 .—北京 ：中国农业出版社，2023.11

ISBN 978-7-109-31126-8

Ⅰ.①葡… Ⅱ.①孙… ②朱… ③梁… Ⅲ.①葡萄－花青素－提取－质量标准 Ⅳ.①Q942.6-65

中国国家版本馆 CIP 数据核字（2023）第 180161 号

中国农业出版社出版

地址：北京市朝阳区麦子店街 18 号楼

邮编：100125

责任编辑：周晓艳

版式设计：王　晨　　责任校对：刘丽香

印刷：北京中兴印刷有限公司

版次：2023 年 11 月第 1 版

印次：2023 年 11 月北京第 1 次印刷

发行：新华书店北京发行所

开本：720mm×960mm　1/16

印张：7

字数：80 千字

定价：32.00 元

版权所有 · 侵权必究

凡购买本社图书，如有印装质量问题，我社负责调换。

服务电话：010-59195115　010-59194918

编 审 委 员 会

主 任 委 员 陈萌山（国家食物与营养咨询委员会）

副主任委员 樊红平（国家市场监管总局特殊食品司）

贾双文（内蒙古自治区质量和标准化研究院）

委　　　员 云振宇（中国标准化研究院农业食品研究所）

尹淑涛（中国农业大学食品学院）

田　明（国家市场监督管理总局发展研究中心）

仇　菊（中国农业大学营养与健康系）

编 写 人 员

主　编　孙君茂　朱　宏　梁克红

副主编　朱大洲　卢　颖　孙丰义　吴　琦　徐　杰　毕晓宇　贾向春　周　韦

参　编　焦利卫　安　琪　张　悦　纪志远　李艳军　高　飞　宋　鑫　李耀鑫　李彦男　曹　兵

主　审　陈萌山

前言

FOREWORD

葡萄酒口感醇厚、营养丰富且具有抗衰老等功能，故受到广大中外消费者的喜爱，也是很受欢迎的饮品之一。我国葡萄产量及种植面积均位于世界前列，故每年葡萄酒酿造过程中产生的副产品（包括葡萄籽与葡萄皮）总量也相当巨大。例如，我国每年因生产葡萄酒会产生24万～32万t葡萄籽，约占葡萄总产量的3%。对于酿酒产生的副产物，我国大多数酒厂将其发酵后用作植物肥料或者直接丢弃。这些处理方式不仅会造成环境负担，且导致大量资源浪费。

葡萄籽提取物（grape seed extract，GSE）是从葡萄籽中提取的一种在人体内不能合成的新型、高效的天然抗氧化剂，主要成分为原花青素（procyanidins）。近几年来，葡萄籽提取物因其保健功能良好而成为研究和消费的热点。原花青素是植物中一大类由儿茶素、表儿茶素、没食子酸和表儿茶素没食子酸酯等单体键合而成，是一类以黄烷-3-醇为主要结构聚多酚化合物的总称，存在于葡萄、苹果、山楂、莲蓬、银杏、可可、柳树叶、白桦树等物种的皮、核或种子中。原花青素具有优越的抗氧化、清除自由基、保护心血管等一系列重要生理作用，自20世纪80年代以来，已经成为功能性食品和化妆品的重要原料而被广泛应用。但由于其组成和结构非常复杂，因此在国际上仍未形成统一的含量分析方法，常见的分析方法包括分光光度法和高效液相色谱法。目前关于原花青素测定的标准有《美国药典》(USP38)，我国关于原花青素、花青素和前花青素测定及葡萄籽的标准，包括国家标准、行业标准、地方标准和团体标准。

我国现有20多个从事生产与开发葡萄籽提取物的厂家，葡萄籽提取物年产量约为100 t。因此，以酿酒过程中产生的葡萄籽为原料，提取富含多酚类物质的葡萄籽提取物，不仅能为减少资源浪费、开辟葡萄籽的利用新途径，且能带来巨大的社会效益和经济效益。本书对原花青素的提取纯化方法、安全性评价、产品开发批准情况及其应用的研究进展等多方面进行综述，希望能为更好地开发利用葡萄籽提取物提供技术指导与理论依据；此外，本书还梳理了国际国内关于葡萄籽提取物的质量标准，并对主要技术指标进行对比，旨在为我国葡萄籽提取物质量标准的制定提供参考。

本书在编制和出版过程中得到了国家市场监督管理总局食品审评中心（国家中药品种保护审评委员会）、中国标准化研究院、内蒙古自治区质量和标准化研究院有关领导、专家的关心，以及晨光生物科技集团股份有限公司的大力支持，在此一并表示感谢。

本书的编写工作参考并引用了大量学术文献及项目研究成果，力求通俗易懂、内容翔实，便于参考。

尽管撰稿、审稿等人员付出了辛勤劳动，但难免存在疏漏之处，恳请广大读者不吝指正，以便今后进一步修改和完善。

编　者

2023年6月

目 录
CONTENTS

1 葡萄籽提取物原花青素的国内外食用历史》

1.1 概况

目前，葡萄籽提取物在国际市场上的关注度很高，它是一种从酿酒后的葡萄籽中提取出来的人体自身不能合成，并具有高效天然抗氧化功能的多酚类混合物（多酚含量一般>90%）。葡萄籽提取物包含单体酚和聚合多酚，其中没食子酸、儿茶素、表儿茶素，以及儿茶素酸酯是单体酚的主要成分；原花青素以不同的聚合度聚合，即聚合多酚。

多酚类物质是葡萄的重要次生代谢产物。葡萄籽中所含多酚类物质，根据其结构差异可分为黄酮类（flavonoids）和酚酸类（phenolic acids）。黄酮类主要由花色素苷（anthocyanins）、黄烷醇（flavanols）、黄酮醇（flavonols）等组成；酚酸类主要由没食子酸（gallieacid）及其衍生物、羟基苯甲酸（hydroxy-benzoicacid）、羟基肉桂酸（hydroxy-cinnamicacid）等组成。葡萄籽中的黄酮类化合物是多酚类物质的主要成分，其中对黄烷醇及黄酮醇的低聚物研究最多。黄烷醇单体包括表儿茶素、表儿茶素没食子酸酯和儿茶素，单体以不同数量聚集构成原花青素（proatho cyanidins）。原花青素根据其聚合度不同分为高聚原花青素（polymeric proatho cyanidins，PPCs）和低聚原花青素（oligomeric proatho cyanidins，OPCs），其中低聚原花青素是生物活性最强的黄酮类物质。

1.2 历史沿革及食用方式

1961年，德国的Karl等从英国山楂（*Crataegus oxyacantha*）新鲜果实的乙醇提取物中首次分离出2种多酚化合物。1967年，美国的Joslyn等又从葡萄皮和葡萄籽提取物中分离出4种多酚化合物。他们得到的多酚化合物在酸性介质中加热后均可产生花青素，故将这类多酚化合物命名为原花青素。世界上首位研究低聚原花青素的学者是法国波尔多大学的马斯魁勒（Masquelie）博士。他把用松树皮制成的原花青素称为［OPC-85］，把用葡萄籽制成的原花青素称为［OPC-85$^+$］。1972—1978年他对原花青素进行了更加深入的研究，结果发现葡萄籽中同样含有大量的原花青素，而且其效果优于松树皮中的原花青素。1990年，Masquelie博士专门对未包括在已上市原花青素制剂适应证中的治疗作用，如抗炎、抗辐射等活性，尤其是在皮肤学方面的应用进行了研究，并获了专利保护，且把用葡萄籽制成的低聚原花青素用“Pycnogenol”的商品名在法国申请了专利权。同年，日本开发了用作药品、食品和化妆品抗氧剂的原花青素。现在世界各地市场上出售的低聚原花青素，几乎都是用葡萄籽制造出来的。

我国对原花青素的开发起步并不晚，从1986年起就加入了开发行列。中国林业科学研究院林产化学工业研究所与英国诺丁汉大学联合开发了落叶松 *Larixgmelini* 树皮中的原花青素，分离了二聚体 B_1～B_4 和其他平均聚合度为 6～7、平均分子质量为 1 700～2 000u 的高聚体（Shen，1986）。1987 年，南京林业大学化学系从野杨梅（*Myrica esculenta*）和滇橄榄（*Phyllanthu semblica*）皮中分离了原花青素，并进行了结构鉴定；同年，该系还从薯莨（*Dioscorea cirrhosa*）和蔷薇属植物红根的皮中分离了 2 种原花青素。我国台湾省的研究团队与日本九州大学联合从蕨类植物大叶骨碎补（*Davallia divaricata*）中分离得到 3 种原花青葡糖苷、2 种二聚体（B_1、B_2）、1 个三聚体和 1 个四聚体，并进行了结构鉴定。1994 年，南京林业大学孔达旺教授又从厚皮香（*Ternstroemia gymnathera*）水提物中分离和鉴定了原花青素高聚体葡糖苷，这是中国发现的第一个原花青素葡糖苷。

葡萄籽原花青素对血管疾病的治疗价值在 20 世纪 80 年代初即被公认。在法国，用葡萄籽原花青素制成的专利产品用于治疗微循环疾病，包括眼睛与外周毛细血管通透性疾病、静脉与淋巴功能不全等。法国 Sanofi 公司用葡萄籽原花青素与大豆卵磷脂制成复合物，作为血管保护剂和抗炎剂，每片含复合物 250mg。法国改进处方后，制成了含 80%原花青素的高剂量片（50mg/片），不仅提高了片剂的释放性能，而且提高了贮存的稳定性。此外，德国研制了用于治疗酒精中毒的原花青素制剂并获专利保护。在罗马尼亚，一种商品名为 Endotelon 的原花青素制剂已上市用于治疗毛细血管疾病。

1.3 应用于保健食品的情况

葡萄籽提取物目前已作为营养增强剂被广泛应用于保健食品中，国内外有大量葡萄籽提取物相关保健食品（表1-1和表1-2）。经过互联网查询，就检索到超过55款产品，以软胶囊产品为主，也有片剂等剂型。

表1-1 国外葡萄籽提取物保健食品

产品名称	规格信息
Zazzee 葡萄籽提取物素食胶囊	400mg×180粒
Swisse Ultiboost 葡萄籽片	300只
Carlyle 葡萄籽提取物	16 000mg×240粒
Europharma NATURALLY 临床 OPC	300mg×60粒
Green Elephants 有机葡萄籽提取物 OPC	410mg（胶囊）
Terry Naturally Europharma 临床 OPC EXTRA	400mg
WholeHealth OPC 葡萄种子提取	300mg×180粒
Herbal Secrets 提取物胶囊	400mg×120粒
杰诺 OPCs	300mg×100粒
Euromedica 葡萄籽提取物	60颗（软胶囊）
GNC 健安喜 Herbal Plus 葡萄籽提取物	500mg×60粒（胶囊）
NOW Foods 诺奥葡萄籽萃取物	250mg
New Chapter 葡萄种子非转基因素食胶囊	300mg×30粒
Puritans Pride 普丽普莱葡萄籽提取物	200mg×120粒（胶囊）
Nature's Way 葡萄籽	60粒（胶囊）
Best Naturals 天然葡萄籽提取物	400mg
Healthy Origins MegaNatural	400mg×150粒

（续）

产品名称	规格信息
Olympian Labs 葡萄籽提取物	400mg
Pure Naturals GSE 葡萄籽胶囊	250mg×120 粒
Solgar 葡萄籽提取物	100mg×60 粒
NATURE'S ESSENTIALS Liposomal 葡萄籽提取物	200mg
Healthy Care 葡萄籽精华粉胶囊	180 粒
Source Naturals Proanthodyn 葡萄籽提取物	100mg
Natural Factors 葡萄籽提取物	350mg×100 粒
BlueBonnet Tim Fitzharris 超级水果葡萄籽提取物补充剂	90 粒
Solaray 葡萄种子提取物	200mg
Seagate 葡萄种子提取物	250mg×90 粒
Roex opc-95 葡萄籽提取物	180 支
Heiltropfen GSE 胶囊	400mg×60 粒
Ultra Botanicals 葡萄籽提取物	90 粒
Nu-Health opc-15 葡萄籽提取物	100mg
Nusci 欧洲葡萄籽提取物	300mg×100 粒
HBC Protocols Masquelier's OPC 葡萄籽提取物	100mg×180 粒
Pure Organic Ingredients 葡萄籽提取物胶囊	350mg×100 粒
Torllirethnusci 葡萄籽提取物	500g
Vine Life Muscadine 葡萄籽提取物	650mg×60 粒
Flora 葡萄籽提取物	60 粒
Vorst 葡萄籽提取物	100mg×90 粒
Nature's Way 澳萃维 Tru-OPCs 综合维他命	75mg
Absorb Health 健康葡萄籽提取物	200mg×100 粒
Blackmores 葡萄籽抗氧化片	30 片

（续）

产品名称	规格信息
Complete Natural Products 葡萄籽提取物	60mg×100 粒
Holly Hill Health Foods 欧式葡萄籽提取物	100mg×90 粒
BlueBonnet Tim Fitzharris 超级水果葡萄籽提取物	30 片
OPC Factor Enhanced Formula 葡萄籽提取物	400mg×100 粒
Health Guardian Cardioforlife 葡萄籽提取物	350mg×100 粒
Paradise Herbs Activin 葡萄籽提取物	125mg×90 粒
Nutrakey 葡萄种子提取物胶囊	90 支
Isotonix OPC-3® 单瓶	90 支
Morel Distribution Company 纯葡萄籽提取物	200mg×100 粒
Vitamin World 葡萄籽萃取物	100mg×100 粒
Holly Hill Health Foods 欧式葡萄籽提取物	100mg×90 粒

表 1-2　国内葡萄籽提取物保健食品

产品名称	规格信息
北京同仁堂葡萄籽提取物软胶囊	450mg×150 粒
汤臣倍健葡萄籽维生素 C 加 E 片	120 片
卡歌葡萄籽粉固体饮料	25 袋（盒）
力纬乐葡萄籽提取物胶囊含原花青素	350mg×100 粒
修正葡萄籽软提取物胶囊	500mg×60 粒
康恩贝葡萄籽软胶囊维 E 含花青素	100 粒
每优健萃金奥力牌葡萄籽维 E 软胶囊	500mg×60 粒
B365 葡萄籽皙颜固体饮料原花青素抗氧化葡萄籽粉	3g×25 袋
紫-玫瑰花葡萄籽原花青素维生素 CE 片	60 片
安琪纽特葡萄籽维生素 E 软胶囊抗氧化	60 粒

（续）

产品名称	规格信息
紫-金奥力牌葡萄籽维 E 软胶囊原花青素 OPC 精华	500mg×60 粒
倍恩力联合邦利牌葡萄籽天然维 E 软胶囊	60 粒
修正葡萄籽精华提取物胶原蛋白咀嚼片压片糖果	700mg×90 片
海王牌葡萄籽维 E 软胶囊	700mg×90 粒
纽斯葆百合康牌葡萄籽大豆提取物维生素 E 软胶囊	300mg×100 粒
维妥立牌禾博士葡萄籽芦荟软胶囊	400mg×90 粒
纽澳莱葡萄籽维 E 软胶囊	400mg×100 粒
国珍葡萄籽维 E 软胶囊	500mg×90 粒

1.4 食用人群信息

葡萄籽提取物是迄今发现的植物来源高效的抗氧化剂，体内和体外试验表明，葡萄籽提取物原花青素的抗氧化效果是维生素 C 和维生素 E 的 50～70 倍。超强的抗氧化效率具有清除自由基、提高人体免疫力的强力效果。葡萄籽提取物含丰富生物类黄酮，用于对抗自由基与维护微血管健康。自由基是造成老化及诸多疾病的重要原因之一，80%～90%的老化性、退化性疾病都与自由基有关。因此，葡萄籽提取物对人体抗氧化、提高免疫力有极佳的效果，适用于常疲劳、易感冒、易过敏、烦躁易怒、头昏乏力、记忆力减退、体质虚弱等亚健康人群，以及希望延缓衰老、肤色不佳、有黄褐斑、皮肤松弛而有皱纹的人士和心脑血管疾病患者。

作为健康食品的原料直接制成胶囊等剂型，葡萄籽提取物是美国天然植物十大畅销品种之一。高品质的低聚原花青素由于在水和醇中有良好的溶解性，加上色泽亮丽、疗效显著，故被广泛用到饮料和酒中；作为具有极强抗氧化性的天然功能性成分，在欧美被广泛用到各种普通食品，如蛋糕、奶酪中，既作为营养强化剂，又作为天然防腐剂来代替合成防腐剂（如苯甲酸等），符合人们回归自然的要求，提高了食品的安全性。我国目前已经注册备案的葡萄籽提取物保健食品超过 300 款（部分详见附录），注册在案的葡萄籽提取物产品日用量为 100～300mg。

2 葡萄籽提取物原花青素的生产工艺

目前，葡萄籽提取物的粗提工艺主要为有机溶剂萃取法、水提法、微波辅助提取法、超临界 CO_2 萃取法、超声波辅助提取法、酶解法等。其中，有机溶剂萃取法是国内外应用最广泛的方法，甲醇、乙醇、丙酮等是使用最多的有机溶剂（Revilla，1998）。由于粗提后葡萄籽提取物中低聚原花青素含量不高，且含有较多杂质，因此需对其进行精制纯化。葡萄籽提取物粗品的精制纯化方法主要有柱层析法（大孔吸附树脂分离法、硅胶薄层层析法、葡聚糖凝胶柱层析法、聚酰胺柱层析法）、醇沉法、絮凝法、膜分离法（微滤法、超滤法、反渗透法）等。总体来说，在大规模的工业化生产中获得较高纯度的葡萄籽提取物主要通过有机溶剂萃取法进行粗提和吸附树脂分离法进行提纯。

2.1 生产原料

研究表明，葡萄中酚类物质（儿茶素和原花青素）的含量明显受到 4 个因素的影响：品种、生产年份（葡萄的生长期）、生产地点（葡萄的地理来源、土壤化学和施肥的影响）及成熟程度。白葡萄酚类物质的组成与红葡萄的不同。在白葡萄中常见的酚类化合物是羟基肉桂酸、儿茶素和原花青素的酯。研究发现，在美国纽约种植的白葡萄中还有另外 3 种酚类物质（Hemmati，2011）。红葡萄中的酚类物质主要包括羟基肉桂酸-酒石酸酯、原花青素、黄酮醇苷和花青素，花青素是红葡萄的主要着色成分。

2.1.1 葡萄品种

Kovac 和 Celik（2012）对 1987 年收获的 19 个酿酒葡萄品种进行比较发现，葡萄中儿茶素和原花青素的总含量为 414～2 593 mg/kg。在 19 个栽培品种中，灰比诺和黑比诺的种子中儿茶素及原花青素的含量最高。另有对鲜食葡萄的研究也得出了类似结果，但鲜食葡萄中的总酚含量明显低于酿酒葡萄。Fuleki 等（2011）研究了不同品种葡萄的籽中儿茶素（儿茶素和表儿茶素）和原花青素的组成变化，这些葡萄为生长在加拿大安大略省尼亚加拉地区的葡萄品种（*Vinifera* 和 *Labrusca*）。也有人对葡萄品种差异进行了研究，以“左山一”“左山二”“双红”“双优”“双丰”“北冰”山葡萄籽为原料，对山葡萄籽多酚提取物的提取、纯化、含量进行了研究。经分析比较得出，“左山一”中总酚含量最高，为 11.562mg/g；“双丰”中总酚含量最低，为 6.868mg/g；“双红”中绿原酸含量最高，为 25.410μg/g；“双优”中绿原酸含量最低，为 13.143μg/g。

2.1.2 气候条件

1992—1993 年对在西班牙的汉堡麝香（Hambourg Muscat）品种进行了研究发现，尽管它们的成熟度相似，但是个别酚类物质的含量变化却很大。

2.1.3 生产地点

一项于1994年的研究显示，在西班牙马德里附近的4个不同地点采集的Tempranillo葡萄样品，经测定葡萄籽中儿茶素和原花青素的总含量为108～225mg/kg。

多项研究报告称，在西班牙中部生长的许多葡萄品种（Tempranillo、Garnacha和Cabernet Sauvignon）其早期发育阶段具有最高浓度的儿茶素和原花青素，到每年的8月底，这些化合物在种子中的含量几乎是10月初的5倍，但种子中儿茶素和原花青素的总含量在9月显著下降。

2.2 提取

葡萄籽提取物原花青素是强极性物质，可溶于水，易溶于甲醇、乙醇和乙酸乙酯等极性有机溶剂，但难溶于氯仿和乙醚等有机溶剂。目前，分离葡萄籽提取物原花青素的常用方法是有机溶剂萃取法。但由于该法使用的有机溶剂量大且其毒性也大，故研究者们开始尝试各种不同的提取方法。

2.2.1 有机溶剂萃取法

有机溶剂萃取法是应用葡萄籽提取物中活性成分在不同种类有机溶剂中的溶解度不同，而将葡萄籽提取物中的活性成分提取出来的一种方法，是提取生物活性物质时应用最广泛的方法，优点是生产能力高、分离效率高、方法简便、成本低廉、传质速率快、设备要求低等。但其缺点是杂质含量高、提取周期较长、热不稳定成分易被破坏、溶剂消耗量大，这些缺点造成了资源浪费并导致葡萄籽提取物的提取效率不高。因此，有机溶剂萃取法还有待优化和验证。

应用有机溶剂萃取法时主要考察提取使用的溶剂种类、提取温度、提取次数、提取时间、料液比等因素。常用的有机溶剂为乙酸乙酯、丙酮、乙醇和甲醇等，并有研究证明，提取效果最好的是丙酮水溶液（Counet，2003）。但作为提取溶剂应用最广泛的是乙醇，原因是水与 CO_2 的混溶性比乙醇差，而甲醇会危害人体健康且对环境不友好，且有研究证明乙醇可以通过提高提取效率而提高极性溶质的溶解度。另有研究证明，在利用超临界流体萃取法提取物质时提高乙醇含量可降低 CO_2 的消耗和缩短萃取时间。技术路线是：脱脂脱蛋白葡萄籽粕→乙醇溶液提取→水浴提取→抽滤→取上清液→减压蒸馏→真空干燥→得原花青素粗品。

早在 1987 年就有学者成功制备出了富含低聚原花青素的松树皮提取物，并将此方法用于生产葡萄籽提取物。用沸水浸泡松树皮或葡萄籽粗粉，冷却后过滤，滤液中加入氯化钠或硫酸铵至饱和，弃去沉淀；用乙酸乙酯萃取余下的液体，将萃取液进行真空浓缩，加氯仿沉淀原花青素，真空干燥沉淀物即是原花青素粉末。Pinelo 等（2005）报道了溶剂、温度、料液比等对葡萄籽提取物中总酚含量抗自由基活性的影响，试验分别考察了溶剂类型、提取温度、料液比、提取时间、提取原料等因素对提取效果的影响。结果表明，在提取温度为 50℃和料液比为 1∶1 的条件下，葡萄籽提取物的抗自由基活性最强。另有研究通过单因素试验和正交试验结果分析得出提取葡萄籽原花青素的最佳工艺条件，即乙醇浓度为70%、提取温度为50℃、提取时间为60min、料液比为1∶8。根据此条件提取葡萄籽原花青素，其收率为94.22%。

2.2.2　水提法

水提法为工业大规模生产的一种方法，仅用水直接从植物中提取所需的有效成分，是目前较为安全、成本最低的一种提取方法。但是由于低聚原花青素在水溶液中的溶出率较低，故该法的提取效率较低。另外，水提法一般伴有加热，有效成分容易受热分解，所以这种方法在实际生产中的运用并不多。技术路线是：取脱脂葡萄籽→干燥、打粉→萃取→过滤→蒸发浓缩→得原花青素粗品。

一项美国专利技术以新鲜或干燥的葡萄籽为原料，用热水提取，水提液用果胶酶处理，充分破坏细胞壁。酸化水提液，并冷却几周，以沉淀其中的蛋白质和其他多糖；用硅藻土过滤后，用吸附树脂 XAD-7HP. RTM 纯化，真空浓缩富含原花青素单体和低聚物的滤液，即得到黑棕色液体。这种方法不需溶剂萃取、膜过滤等工艺，更加安全、简单、高产，因此更适合大规模的工业生产。李超等（2010）采用自行设计的适合工业化应用的 2L 亚临界水提取装置对葡萄籽中原花青素的亚临界水提取工艺进行优化，并与其他提取方法进行对比。结果表明，亚临界水提取原花青素的最佳工艺参数为：提取温度为151℃、提取时间为21min、提取压力为12MPa，在此条件下，原花青素的得率为3.88%。与传统索氏提取法和乙醇回流提取法相比，亚临界水提法具有提取时间短、效率高等优点，所设计的 2L 亚临界水提取装置自动化程度高、操作简便。

2.2.3 微波辅助提取法

微波辅助提取法即利用微波辐射可以使植物细胞内的极性物质尤其是水分子产生大量热能，导致细胞内温度迅速提升，液态水汽化产生的压力足以将细胞膜和细胞壁冲破，从而造成微小的孔；再经过进一步加热，使细胞内和细胞壁所含的水分减少，出现细胞缩紧而外观呈裂纹的现象，是近年来被开发出的一种高效、快捷的植物活性物质提取方法。孔和裂纹的存在使得细胞外的溶剂很容易渗透到细胞内，并溶解和释放细胞内产物。因为微波的频率高，所以能深入渗透到细胞中并对其结构起到一定的作用。微波加热不仅热效率很高，而且温度提升的速度均匀。该法具有选择性高、产率高、耗时短、耗能低、有效成分破坏小、节能、溶剂使用量少和无污染等优势，如今已广泛用于天然产品的提取，带来了巨大的经济效益。但其最大的缺点在于提取过程中使用了有机溶剂，造成了溶剂残留等问题。技术路线是：取葡萄籽→溶剂浸泡→微波处理→水浴浸提→精密滤纸过滤→分离浸提液→旋转蒸发→减压烘干。

有研究报道了采用微波辅助提取法来提取葡萄籽提取物多酚的工艺流程，试验过程中考察的因素有微波功率及提取时间。结果表明，当采用微波功率为 150～300W、提取时间为 20～200s 时，时间和功率对提取物产量、葡萄籽提取物总酚含量的影响都不明显。当添加 10％的水分改变了溶剂的极性时，提取物的产量和总酚含量都有所增加。李凤英等（2005）研究证明，微波技术应用于葡萄籽原花青素的浸提能显著增加浸提量，并确定其最佳提取工艺为 70％

的乙醇、1∶11的料液比、微波功率180W处理10s，再用50℃水浴浸提30min，原花青素浸提量为4.109mg/g，相比于单纯水浴浸提微波处理增加原花青素浸提量1.715mg/g。该试验证实了微波辅助提取法不仅加快了原花青素的浸提速度，而且显著增加了原花青素的提取量，优于常规乙醇水浴提取。另外，据紫外图谱分析证实，短时微波处理对原花青素的结构无破坏性影响。李瑞丽和马润宇（2006）利用微波辅助提取葡萄籽原花青素，经过单因素试验与正交试验得到微波辅助从葡萄籽中提取原花青素的最佳工艺条件，即微波功率为中高火、料液比为1∶18、微波作用时间为70s、浸提时间为80min，原花青素的提取率为1.931%。该工艺条件操作稳定，有很好的重复性，不仅提取率高而且时间短。另有研究分析了提取温度、微波功率、溶剂浓度、加热时间和料液比5个因素对微波辅助提取法提取葡萄籽提取物的影响。结果表明，微波辅助提取法提取葡萄籽提取物的最佳工艺为：乙醇浓度为80%、功率为600W、温度为80℃、加热时间为3min、料液比为1∶8。在该工艺条件下，葡萄籽提取物原花青素的效率高达22.73%。

Dang等（2014）通过微波双水相萃取法提取葡萄籽中的酚类物质并对酚类化合物的分配行为进行了研究。试验证明，原花青素的产量高达30.7mg/g，并且认为与其他方法相比，微波双水相萃取法从葡萄籽中提取低聚原青素具有所需溶剂浓度低和处理时间短的优势，并且具有单一步骤提取、澄清和浓缩目标产品的潜力。有研究还报道了通过单因素与正交试验考察不同因素对提取低聚原花青素的影响程度，结果表明料液比对提取结果的影响最大，其次是微波功率与萃取时间，乙醇浓度对提取结果的影响最小。试验确定最优提取工艺为：将微波调至中低火萃取 60s、料液比为 1∶20、50%的乙醇，最终所得到的低聚原花青素提取液具有较好的稳定性。

2.2.4 超临界 CO_2 萃取法

超临界流体是一种气体或液体的流体，即温度和压力都高于其相应临界点值的状态。将其作为溶剂，利用临界温度状态下的新型高效分离技术即为超临界提取法，CO_2 作为溶剂应用最为普遍。超临界 CO_2 萃取法是目前比较新颖的方法之一，具有溶解速率高、传质速率高、无毒、无污染等优点。但是由于设备必须能耐高压、密封性好，因此也有设备投资大、生产成本高及难以推广等缺点。近年来，原花青素的提取方法出现了超临界萃取法和亚临界流体萃取法，但在实际工业化生产中却还没有成功的报道，所以目前依旧以有机溶剂提取法为主。技术路线是：将萃取剂变为超临界状态→将流体导入萃取釜内溶解目标产物→在分离釜内分离目标产物与流体→收集目标产物→流体经加压循环使用。

一项中国专利技术用丙酮及水作为改性剂，在高压下利用 CO_2 的渗透作用达到萃取原花青素的目的，大大提高了提取效率（孙传经，2000）。Bucić-Kojić（2007）研究了超临界 CO_2 萃取葡萄籽提取物原花青素的工艺，并以高效液相色谱法（high performance liquid chromatography，HPLC）检测萃取物中的成分，试验过程中分别考察了气体压力、温度及乙醇含量这几个因素对萃取效果的影响。结果表明，乙醇含量对萃取效果的影响最大。由于葡萄籽提取物中各成分的极性不同，故不同含量的乙醇萃取出最多的成分种类也不同。有研究以超临界 CO_2 为溶剂、以甲醇或乙醇为夹带剂，从葡萄籽中萃取原花青素。其中，萃取反应器温度为 55℃、压力为 30MPa，一级分离反应器温度为 45℃、压力为 10MPa；二级分离釜温度为常温、压力为 5MPa，CO_2 的流速为 160L/h。另有研究报道了超临界 CO_2 对葡萄籽提取物原花青素的萃取工艺研究。该试验以葡萄籽提取物作为研究对象，通过单因素试验和正交试验进行优化，确定最佳工艺参数，即乙醇浓度为 60%、压力为 30MPa、温度为 55℃、料液比为 1∶0.8，在该工艺参数下，每 100g 葡萄籽提取物原花青素的产率可达到 17.58mg。

2.2.5 超声波辅助提取法

超声波即高于 20kHz 的声波，在植物的有效成分提取中应用广泛。超声波辅助提取法提取天然产物的研究相对比较完善，并且已经得到广泛应用。其主要原因在于超声波产生的强烈振动、强烈的空化作用和机械效应等特殊作用能使植物细胞壁破碎，从而使溶解在溶剂中的有效成分被高效提取出来，具备提取效率高、提取时间短、提取温度低、设备便于维护等工艺优点。但缺点是超声过程会产生超声空白区，不便于物质超声均匀及难以实现产量化生产，提取过程中使用了有机溶剂。大量研究显示，原花青素提取率随着超声波功率的增大而提高，但一段时间之后则随着处理过程中产生的热效应不断增加而下降；一定时间之后由于大部分与蛋白质纤维结合在一起的原花青素被提取出来，故提取率又趋于平稳。技术路线是：取脱脂葡萄籽→烘干→粉碎→甲醇提取→超声处理→抽滤→减压浓缩→得原花青素粗品。

Ghafoor等（2009）采用中心点合成试验，设计构建了超声波辅助提取葡萄籽多酚和低聚原花青素的二次响应面的数学模型，试验证明工艺模型、提取时间、提取温度能显著影响酚类物质和低聚原花青素的提取效率。其中，提取时间能显著影响总酚含量及抗氧化能力。有研究进行了同样的试验探究，确定了最佳工艺参数：乙醇浓度为65%、超声功率为220W，在25℃条件下超声20min，低聚原花青素的提取率高达4.37%。

2.2.6 酶解法

原花青素大多存在于植物的籽、种皮和壳中，在这些部位中，原花青素和果胶质与纤维素结合后以结合态原花青素的形式存在。酶解将结合态原花青素结构破坏后，再利用溶剂萃取即可提取原花青素，极大地提高了提取效率。酶解法中常用的酶为纤维素酶、果胶酶、半纤维素酶和蛋白酶等，食品工业上一般用这几类酶的混合物作为酶制剂。与传统提取方法相比，酶解法提取时间短、原花青素的得率高。技术路线是：取脱脂葡萄籽→干燥后粉碎→石油醚脱脂→酶解→有机溶剂提取→减压浓缩→真空干燥→得葡萄籽提取物粗品。

禹华娟等（2010）采用四因素三水平正交试验对酶解时间、加酶量、酶解温度等提取工艺参数进行了优化，获得了最佳工艺参数，即纤维素酶添加量为0.7%、果胶酶添加量为0.1%、酶解温度为55℃、酶解时间为2.5h。优化后的提取工艺与直接醇提法相比，能将莲房原花青素的提取率提高约48%。在此基础上，采用DPPH法进行了抗氧化性的对比，结果表明酶解法和醇提法提取的原花青素有着相同的抗氧化性。张涛等（2011）在单因素试验的基础上，采用 Box-Behnken 设计对葡萄籽原花青素的纤维素酶辅助提取工艺中的 pH、酶浓度和酶解温度 3 因子的最优化组合进行了定量研究，建立并分析了各因子与得率关系的数学模型，然后与传统提取方法进行了比较。结果表明，最佳的工艺条件是 pH 为 4.4、酶浓度为 0.4%、酶解温度为 47.8℃。经验证，在此条件下，得率为 3.37%，与理论计算值 3.35%基本一致，说明回归模型能较好地预测葡萄籽中原花青素的得率。与传统提取方法相比，纤维素酶辅助提取时间短、得率高。

2.3 纯化

提取、分离和纯化是葡萄籽提取物研究的重点。葡萄籽提取物的精制纯化是获取提取物的关键环节。经有机溶剂提取得到的提取液中，低聚原花青素含量不高且含有大量杂质，需进一步除杂、精制。杂质中不仅含有酚类物质，还含有色素、蛋白质、脂质及糖类等，利用不同化合物在溶剂中溶解度不同这一特性，可初步提纯低聚原花青素。

2.3.1 柱层析法

柱层析法包括大孔吸附树脂分离法、硅胶薄层层析法等。其中，大孔吸附树脂分离法在天然植物中活性物质（如黄酮类、苷类、生物碱等）和药物制剂的分离提取中已经被广泛应用。

(1) 大孔吸附树脂分离法

大孔树脂是一种新型的高分子聚合物，可用来作为物理吸附剂。由于大孔树脂有大的比表面积和较大的网孔结构，因此在吸附过程中能避免一些杂质干扰，且具有重现性良好、分离度高的优势。大孔树脂一般分为极性、中极性和非极性三类。极性吸附树脂可作用于非极性溶剂，从而将极性物质分离出来；中极性吸附树脂由于既有亲水部分又有疏水部分，因此既可从非极性溶剂中分离极性物质，又可以从极性溶剂中分离非极性物质；非极性吸附树脂是一种无功能性基团的单体聚合物，用于非极性物质吸附。有研究考察了 9 种树脂的吸附能力，并最终得到结论，即吸附性能高低排序依次是：S-8＞HPD-100＞AB-8＞S-8＞D-101＞X-5＞LSA-10＞D-4006＞D301（王跃生和王洋，2006）。大孔树脂的极性是影响吸附和解吸效果的最重要因素，其次是比表面积和孔径。低聚原花青素分子结构中含有较多酚羟基，显弱极性，分子质量为 300～5 000u。与低聚原花青素极性相近或相同的大孔树脂吸附效果会相对较好，若吸附强度太大则不利于解吸，吸附能力弱则达不到效果。9 种树脂均能较为快速地吸附低聚原花青素，但随着时间的推移，吸附缓慢趋向饱和，于 13h 后均基本达到吸附平衡。从最终达到吸附平衡来看，9 种类型树脂的静态吸附率有较大差别。大孔树脂对低聚原花青素的吸附具有强的选择性，其吸附能力与树脂类型有很大关系。

张峻等（2002）报道了一种以丙酮为提取剂、乙酸乙酯为洗脱剂，采用大孔吸附树脂 AB-8 柱进行粗提物分离纯化的方法，通过该方法得到的提取物总酚含量高达 90%。试验过程中，研究者采用高效液相色谱法（HPLC）进行检测，该样品中的酚类物质中单体含量约为 28%，低聚原花青素含量则高达 64%。另有研究使用

ADS-8 型号大孔树脂纯化得到纯度为 95%的葡萄籽原花青素，以及使用静态试验筛选后，利用 D-101 型号大孔树脂纯化得到玫瑰花原花青素。Jing 等（2015）报道了一种用 AB-8 大孔树脂与硅胶柱结合纯化昆仑菊原花青素的方式。研究发现在 AB-8 大孔树脂的最佳工艺参数下，即 pH 为 6、样品浓度为 1mg/mL 时，用 70%乙醇作为洗脱剂，可将原花青素的纯度由 22.68%升高至 63.76%；再采用硅胶柱，在其最佳工艺参数，即 pH 为 6、样品浓度为 1.2mg/mL 时，用 80%乙醇作为洗脱剂，原花青素纯度可由 63.76%提高到 81.97%。结果证明了 AB-8 树脂与硅胶柱结合的纯化方法优于单独使用的 AB-8 大孔吸附树脂。

（2）硅胶薄层层析法

硅胶薄层层析法适用于原花青素的再次分离纯化，该方法一般作为定性研究，因为选择展开剂和展开所需时间较为复杂。蒋其忠（2010）采用硅胶薄层层析法分离菜籽壳原花青素，成功得到了原花青素单体、二聚体和三聚体。

2.3.2 醇沉法

醇沉法虽然是植物提取物精制纯化的一种传统方法，但仍然是目前研发工作中分离纯化有效成分常用的方法之一。Spigno 等（2007）报道了采用醇提法精制纯化葡萄籽提取物的方法，试验研究了提取时间、提取温度、提取溶剂含量对葡萄籽中多酚含量和抗氧化能力的影响，分别考察了提取时间为 1～24h 时，葡萄籽提取物中多酚成分的提取动力学及提取溶剂对多酚含量的影响。研究结果表明，提取物的抗氧化能力与多酚含量呈正相关，多酚含量越高则抗氧化能力越强，且不受水、乙醇的配比影响。

2.3.3 絮凝法

絮凝法是一种传统的分离工艺，是利用原花青素可以和某些物质络合形成沉淀物，而达到与其他物质分离的效果，沉淀剂主要有重金属碱式盐、盐离子等。絮凝法的优势为有机溶剂使用量低、安全性较好；缺点是提取率低、有效成分含量低、步骤复杂、生产成本较高。有研究表明，一般影响絮凝效果的因素为絮凝 pH、絮凝温度、絮凝剂的加入量、搅拌速度，其中影响絮凝效果、产品纯度及回收率的关键因素是絮凝剂的加入量。有研究通过正交试验确定壳聚糖絮凝纯化的最佳工艺条件为：在 20mL 的原花青素提取液中加入 2mL 的壳聚糖，当提取液 pH 为 4、絮凝温度为 35℃时，葡萄籽提取物的回收率高达 95.62％。

2.3.4 膜分离法

膜分离法是近年来物质分离领域的一种新技术，被研究者进一步分为微滤法、超滤法、反渗透法等。膜分离法的原理是以选择性透过膜为分离介质、压力差为动力，溶液中不同组分选择性地透过，进而达到分离纯化的目的。水溶性物质适合用该技术来分离和浓缩，已在多个领域应用，成功制备出了天然有效成分。目前，已有研究者尝试将超滤法应用于葡萄籽提取物的精制纯化来获取有效活性成分。有试验以 80％的丙酮水溶液浸泡葡萄籽，经过一系列的浓缩、冷冻、沉淀和过滤步骤得到葡萄籽提取物。试验过程中研究者为了去除分子质量较高的物质对提取液进行了两次超滤纯化。采用乙酸乙酯和甲苯对滤液进行反复萃取，用以除去儿茶素单体。萃取后的部分液体用乙酸乙酯反复提取，经过浓缩、离心等步骤，对所得到的沉淀进行真空干燥，最终得到粉状的葡萄籽提取物原花青素。

2.4 质量控制关键点

常规品质评价包含外观、溶解性、灰分、重金属和农药残留等。具体要求为葡萄籽提取物的水溶性需要在1%浓度的水溶液中不溶物含量小于5%，pH一般为2.2～5.5，水分≤4%、总灰分≤2.0%、重金属≤10mg/kg。农药残留的规定为：葡萄籽提取物成品中不能有国际上严禁使用的有机氯农药残留。微生物指标为：总平板菌落数（total plate count，TPC）≤1 000个/g，酵母和霉菌数<100个/g，大肠杆菌和沙门氏菌不得检出。

低聚原花青素在葡萄籽提取物中含量的高低是产品质量的关键指标，国际市场上葡萄籽提取物多酚、原花青素、低聚原花青素、单体的最佳比例约为1∶0.82∶0.81∶0.18。这些成分以协同方式起抗氧化作用，使葡萄籽提取物具有高度的生物利用度。葡萄籽提取物最突出的生物活性表现为抗氧化活性，是迄今为止所发现的最强的有效氧自由基清除剂和脂质过氧化抑制剂。

3 葡萄籽提取物原花青素的检测方法

由于葡萄籽和葡萄籽提取物中大多数多酚是原花青素（一般占70%～85%），因此很多厂家使用原花青素来标定其中有效成分的含量。原花青素含量是反映葡萄籽质量或葡萄籽提取物的关键指标，对其检测通常分为定性检测和定量检测。定性检测是检测葡萄籽提取物中所含活性成分的种类，而定量检测则是为了检测原花青素的含量。研究者们目前最常用于原花青素定性检测的方法有薄层色谱法、紫外光谱法、红外光谱法、质谱法及核磁共振波谱法等。原花青素的定量检测常用方法有铁盐催化比色法、钼酸铵检测法、正丁醇-盐酸法、香兰素检测法、Folin-Ciocalteau 法、香草醛-盐酸法、高效液相色普法等。其中，正丁醇-盐酸法是应用最为普遍的，具有测量准确、容易操作等优点。

3.1 定性检测

3.1.1 薄层色谱法

薄层色谱法是一种微量、简捷和灵敏的色谱分离方法，其中薄层吸附色谱法的应用最为广泛。王雷等（2004）根据被分离物质中原花青素的溶解性、酸碱性及其极性，试验过程中以甲苯、丙酮、乙酸（比例为 3∶3∶1）为展开剂，展开剂的选择是采用薄层色谱法进行定性检测原花青素的关键。

3.1.2 紫外光谱法

紫外光是指波长为 100～400nm 的光，通常有机共轭体系对于 200～400nm 的近紫外光区有吸收，在对天然产物进行定性分析时此区域的紫外光吸收状况有效。有研究采用大孔树脂和葡聚糖凝胶 LH-20 对石榴籽提取物原花青素进行了纯化，同时在试验过程中运用紫外光谱、红外光谱、高效液相色谱串联质谱法等技术对原花青素的纯度和结构进行了定性、定量分析鉴定。

3.1.3 红外光谱法

红外光谱法主要反映了有机物分子中 C—H、N—H 和 O—H 等含氢基团的振动情况。通过对比分析得出化合物中官能团的种类，根据红外谱图中吸收峰的位置、形状来鉴定化合物种类。周芸等（2013）采用近红外漫反射光谱法和紫外/可见分光光度法作为对比，采用偏最小二乘法来建立莲房的原花青素含量与近红外漫反射光谱法光谱之间的多元校正模型，实现了对原花青素及多酚含量的快速测定。该方法具有快捷、方便的优势，可用于植物提取物中原花青素及多酚含量的快速测定。

3.1.4 质谱法

质谱法是通过对质谱图中出现的同位素离子、碎片离子、重排离子、多电荷离子等多种离子进行综合分析，来获得化合物分子质量和化学结构等的方法。有研究通过高效液相色谱串联质谱法确定了食品中含有的黄酮类物质种类及含量，这也为植物提取物的定性和定量检测指明了方向。

3.1.5 核磁共振波谱法

核磁共振波谱法可以给出分子中各种氢原子、碳原子的数目，反映核性质的参数及其他一些与化合物分子结构相关的信息，可以精确检测到每一个原子的共振频率。周秋菊等（2010）将核磁共振波谱法应用于结构生物学及药物研究中。核磁共振波谱法由于具有重现性好及特征性强等优点而成为药物提取中的重要检测手段，给天然植物提取物的发展带来了巨大的推动作用。

3.2 定量检测

原花青素是反映葡萄籽提取物或葡萄籽质量的关键指标，主要包括原花青素值和原花青素含量两个指标。

3.2.1 值的测定

原花青素值的测定采用 Bates-Smith 法和 Porter 法。原花青素在酸性条件下被加热后可转化为红色的花青素，而儿茶素、表儿茶素等黄烷-3-醇单体没有此反应。Bate-Smith 法和 Porter 法不需标样，其结果用原花青素指数（procyanidolici index）和波特值单位（portervalue unit，PVU）表示，即原花青素的相对含量而非百分含量，且不能测出是哪种原花青素。葡萄籽提取物中的原花青素指数一般为80～100，PVU一般为250～350。原花青素值只是相对含量，并非原花青素的真实含量。据调查，同为原花青素指数95的产品，多酚含量相差15%，质量大相径庭。很多生产厂家仅使用原花青素指数来表示葡萄籽提取物中原花青素的百分含量是错误的（邵云东等，2005）。

（1）Bates-Smith法

原理：原花青素在酸性条件下经过加热后可以转化为红色的花青素。称取适量的葡萄籽提取物（15～40mg）用甲醇溶解，最后定容于100mL。从样品中取1mL加到10mL比色管中，然后再加入6mL浓盐酸-正丁醇溶液（5∶95，V∶V），在97℃下反应40min后取出迅速冷却，在550nm处测定其吸光度，以甲醇代替提取物溶液作为空白对照。原花青素指数$=A\times7.0/W$（A：吸光度；W：样品质量，单位为g）。用Bate-Smith法测得的葡萄籽提取物中原花青素指数一般为80～100，有时也可能大于100，目前很多生产厂家用原花青素指数来表示葡萄籽提取物中原花青素的百分含量，这是不正确的。

（2）Porter法

原理：同Bate-Smith法。由于Bate-Smith法测定的结果重现性很差，且在此条件下反应不是很彻底，因此Porter等对Bate-Smith法进行了改进。Porter法改进之处主要是在试剂中添加了Fe^{3+}，以提高反应的程度和颜色的稳定性。此方法测定的也是原花青素的相对含量，结果用PVU表示。称取适量的葡萄籽提取物10～30mg用甲醇溶解，最后定容于10mL。从样品中取1mL加到10mL比色管中，然后依次加入6mL浓盐酸-正丁醇（5∶95，V∶

V），0.2mL、2.0％硫酸铁铵溶液（用2mol/L的盐酸溶解），在97℃下反应40min后取出迅速冷却，在550nm处测定其吸光度，以甲醇代替提取物溶液作为空白对照。$PVU=A\times7.2/W$（*A*：吸光度；*W*：样品质量，单位为g）。美国葡萄籽方法评定委员会认为葡萄籽提取物的*PVU*为250～350是比较理想的。*PVU*过低，可能说明该产品中原花青素的含量较低；*PVU*过高，说明该产品中高聚体原花青素含量较高。但由于Porter法不能区分测出的是何种原花青素，所以若一种葡萄籽提取物测出的*PVU*为300，则该产品可能是低聚体原花青素含量较多，也可能是单体和高聚体原花青素含量较多。

3.2.2 含量的测定

(1) 铁盐催化比色法

此方法的反应原理与原花青素值的测定原理相同，在计算原花青素含量时使用了原花青素标准品。Fe^{3+}、盐酸为常用的催化剂和酸解剂。由于水、乙醇为反应介质时吸光值很低，故一般采用正丁醇为反应介质。通常的具体操作为：取1.0mL样液（或原花青素溶液）于10mL刻度试管中，加入6.0mL浓盐酸-正丁醇（95∶5，*V*∶*V*）与2％硫酸铁铵溶液（溶解于2mol/L盐酸）0.2mL，混匀，置于沸水浴中加热40min，然后立即取出用冰水快速冷却至室温，在550nm处测定吸光值。此方法不仅较简便，而且对原花青素的选择性反应较好。铁盐催化比色法对反应体系中的含水量和Fe^{3+}浓度要求比较严格，一般要求含水量为6％、Fe^{3+}浓度为$4.5\times10^{-3}\mu g/L$，且过高的Fe^{3+}浓度对反应没有影响。

傅武胜等（2010）研究表明，3%～4%为合适的含水量，Fe^{3+}浓度选择在 $9.0\times10^{-3}\mu g/L$ 左右。但是也有学者总结分析 2%～6%含水量对花青素的形成有抑制作用，稍高的 Fe^{3+} 浓度（>15μg/L）也抑制了花青素的生成。另有研究采用铁盐催化比色法对原花青素进行检测，该试验过程中采用三价铁盐硫酸高铁铵催化反应，用毒性较大的正丁醇作为反应介质。原花青素能够在稀酸的作用下逐渐转变，转化为红色的花青素。在 550nm 处花青素有最大吸收峰，用比色法测定其吸光值，与原花青素的标准样品曲线作比较，便可定量计算得出样品中原花青素的含量。

（2）钼酸铵检测法

它是基于邻苯二酚与钼酸铵在弱酸性介质中生成黄色钼酸酯，反应产物在 333nm 波长处具有最大的吸收峰。马亚军等（2005）对检测条件进行了简单摸索：取 0.08mol/L 钼酸铵溶液 1mL 置于 25mL 比色管中，加入适量试液，用 0.1mol/L 盐酸冲至刻度，反应瞬间完成。在其研究成果中报道了邻苯二酚在弱酸性介质中可以与钼酸铵生成黄色钼酸酯，这是钼酸铵检测法的基本原理。原花青素是由儿茶素和表儿茶素的单体及低聚体聚合而成，由于其结构中含有邻苯二酚基团，故原花青素与钼酸铵也会发生该反应，测定原花青素的选择性不高，受到杂质的影响较大。钼酸铵检测法是近年来提出的一种快速测定葡萄籽提取物中原花青素含量的新的方法，具有快捷、准确性高等优势。

（3）正丁醇-盐酸法

姚开等（2002）报道了原花青素是由儿茶素和表儿茶素单体聚合而成的，原花青素经热水解生成了花青素离子，其颜色为深红色，在546nm处花青素有最大的吸收峰，用比色法测定其吸光值，与原花青素标准样品对比计算便可以得知样品中原花青素的含量。采用正丁醇-盐酸法进行定量检测的产品质量要明显高于采用香草醛-盐酸法进行定量检测的产品质量，因此在试验研究中一般采用正丁醇-盐酸法来测定原花青素的含量，以此来控制目标产品的质量。

（4）香兰素检测法

此法测定的是葡萄籽提取物中黄烷-3-醇的含量，但不能区分其中的单体和聚合体。一般用儿茶素作为标准品去定量测定。原理：在酸性条件下，间苯三酚、间苯二酚A环的黄烷醇和聚原花青素A环的化学活性较高，其上的间苯三酚或间苯二酚可与香兰素发生缩合，产物在酸的作用下能形成有色的正碳离子，样品的浓度与产生的颜色呈正相关。称取适量的葡萄籽提取物，用一定体积的甲醇溶解，最后葡萄籽提取物溶液的浓度为0.1mg/mL左右。取样品溶液1mL加入到10mL比色管中，然后依次加入2.5mL香兰素甲醇溶液（1.0%），2.5mL、25%硫酸甲醇溶液。室温下反应15min，在510nm测定其吸光度。以儿茶素作为对照，配制不同浓度的溶液，按上述方法反应测得吸光度。以吸光度对浓度绘制标准曲线，由标准曲线可求得提取物中黄烷-3-醇的含量。

（5）Folin-Ciocalteau法

此法测定的是葡萄籽提取物中总多酚的含量，一般以没食子酸作为对照。此方法的优点是能定量分析提取物中总多酚的含量，缺点是不能区分多酚的种类（如测定的是单体还是聚合体）。另外，蛋白质、核酸、抗坏血酸等易被氧化的物质也参与此反应，不能辨别葡萄籽提取物是否掺假。由于单体和原花青素反应的系数不一样，因此测定的含量和葡萄籽提取物中的真实含量有一定偏差。原理：称取适量的葡萄籽提取物，用水溶解，浓度在 0.1mg/mL 左右。取 1mL 样品加入到 10mL 比色管中，然后依次加入 1mL 去离子水、0.5mL Folin-Ciocalteau 试剂、1.5mL 的 26.7% Na_2CO_3溶液，最后用水定容至 10mL，室温下反应 2h，在 760nm 下测定其吸光度。以没食子酸作为对照，配制不同浓度的溶液，按上述方法反应测得吸光度。以吸光度对浓度绘制标准曲线，由标准曲线可求得提取物中总多酚的含量，以相当于没食子酸的含量（gallic acid equivalent）表示。美国葡萄籽方法评定委员会同意采用此种方法来测定葡萄籽提取物中的总多酚，但同时建议此方法还需进一步完善，以确认单体和原花青素 Folin-Ciocalteau 试剂反应的差异。

(6) 香草醛-盐酸法

原理：原花青素和儿茶素类单体的 A 环化学活性较高，在酸性条件下，其上的间苯二酚或间苯三酚与香草醛发生缩合反应，产物在浓酸的作用下能形成红色的正碳离子，样品的浓度与产生的颜色呈正相关，在 500nm 波长下测定其吸光度。香草醛-盐酸法测定的是原花青素和黄烷-3-醇单体的总量。冯建光（2004）采用可见分光光度法测其吸光度，对照原花青素的标准曲线方程计算即可得到样品中原花青素的含量。在采用香草醛-盐酸法过程中，儿茶素或表儿茶素及其低聚体等都能参加反应，且反应很充分。但由于该方法具有重复性差的缺点，故使用并不广泛。用香草醛法测定时，一般以儿茶素为标准物、以甲醇为溶剂，盐酸、硫酸均可作为反应过程的催化剂。但在使用硫酸时浓度不易过高，过高时易使香草醛发生自缩合反应和氧化分解。具体的操作方式较多：1mL试液＋2.5mL、1%香草醛甲醇溶液＋2.5mL、25%硫酸（或8%盐酸，均溶解于甲醇），30℃下反应15～20min；1mL试液＋6mL、4%香草醛甲醇溶液＋3mL浓盐酸，室温下反应15min；有的更是在20℃下反应15h。操作方式差别较大，不利于使用者选择，有待于统一。

（7）高效液相色谱法

此法测定的是提取物中每种单体、低聚体、高聚体的含量。但由于受对照品的限制及分析手段的制约，目前只能测定葡萄籽提取物中单体和某些低聚体的含量，实际应用中只需测定其中的单体含量。葡萄籽提取物中的主要单体为儿茶素、表儿茶素、没食子酸、表儿茶素没食子酸酯，葡萄籽提取物中的单体含量一般在10.0%左右，最高可达到30.0%。由于葡萄籽提取物成分复杂，若样品未经预处理，则高效液相色谱法一般很难把多种单体完全分离开来。因此在进样前需对提取物进行预处理，以去除其中的高聚体、提高单体含量。常用的预处理方法有硅胶柱层析、Sephadex LH-20、Sephadex G25、Toyopeah TSKHW40等柱层析方法；也可采用薄层层析法对样品进行预处理，一般用甲苯、丙酮、乙酸按3∶3∶1（$V:V:V$）作为展开剂。美国葡萄籽方法评定委员会已同意采用此方法来检测葡萄籽提取物中单体的含量。

4 葡萄籽提取物原花青素的安全性与功能性》

4.1 安全性

4.1.1 研究方法

本书采用文献调研法，在中国知网、NCBI 数据库、国家科技图书文献中心等期刊检索平台上进行检索，搜集与葡萄籽提取物和低聚原花青素安全性有关的正式发表的中外文文献，关键词为葡萄籽提取物（GSE）、低聚原花青素（OPCs）、安全性（safety）、临床（clinical）等。在各国对保健食品监管部门网站上搜索 GSE 和 OPCs 作为保健食品原料备案的通知、材料等信息。按人体、动物和体外研究等筛选并总结文献中安全性研究的信息，包括作者、题名、出处、受试物、剂量、受试者或动物、例数、分组方法、分组掩蔽方法、失访排除例数、结果、结论等内容。临床研究主要采用一项荟萃分析研究结果。荟萃分析或元分析（Meta 分析，Meta analysis）的定义为对具有相同目的相互独立的多个研究结果进行定量综合分析，可称之“分析的分析”。Meta 分析所用的主要是合并研究结果和对研究结果进行齐性检验的统计方法。Meta 分析是以各研究结果为观察单位，是一种更高级逻辑形式的研究。其特点在于提高统计功效，综合评价不一致或矛盾的结果，评价以往研究的不足，验证假设及提出新的研究线索。Meta 分析源于文献综述，但又与文献综述不同，它要对所收集查阅的每项研究资料进行严格的质量分析，对试验结果进行科学的综合定量分析，经统计学处理，从新的综合数据中得出结论。

4.1.2 评价信息

在小鼠上经口急性毒性试验、骨髓嗜多染红细胞微核试验、精子畸形试验、Ames 试验、30d 喂养试验，对葡萄籽提取物的安全性进行了综合评价研究。结果表明，葡萄籽提取物未见任何毒性效应，体内和体外试验均未显示其致突变作用，排除潜在致癌的可能。可以认为，葡萄籽提取物在保健食品中能得到安全使用。近些年来，人们对数十种植物的原花青素二聚体、三聚体、四聚体等低聚体和高聚体进行了生化、药理活性研究，发现不同聚合度的原花青素其生化、药理活性不尽相同，其中尤以对来自葡萄皮和葡萄籽的原花青素的研究最为深入、广泛、成功，取得了突破性进展。葡萄籽原花青素的营养保健功能已有学者进行综合论述，保健功能已逐步被人们所证实。

4.1.3 原料安全食用范围

总结各文献中对葡萄籽提取物的相关试验研究发现，葡萄籽提取物具有较高的食用安全性，急性毒性和慢性长期毒性试验均未见其有毒副作用。有研究者系统研究报道了葡萄籽提取物的安全性，大鼠急性毒性试验 LD_{50}＞10g/kg，属于实际无毒级；大鼠 90d 亚慢性喂养试验未见毒性症状，小鼠遗传毒性试验测试均为阴性，证明其无毒、非致畸、安全，可广泛应用于食品等领域。目前，国际上对葡萄籽原花青素无用量方面的规定。欧美国家、日本等将其作为膳食补充剂的一般推荐用量为100～300mg/d（Botella等，2005），我国目前的常用量与国际上的基本一致。

4.2　功能性

4.2.1　研究方法

本书关于功能性支撑数据来源有以下几个方面：

（1）国内资料查询

在国家市场监督管理总局网站上对注册备案的国产保健食品，以葡萄籽提取物及葡萄籽提取物藻油为主要原料的产品信息进行检索。

（2）SCI研究论文查询

在NCBI PubMed数据库中搜索关键词葡萄籽提取物（GSE）、低聚原花青素（OPCs）、功能性（function），在近万篇的搜索结果中进一步通过关键词进行筛选。

（3）国内企业生产资料搜集

通过对葡萄籽提取物生产企业开展调研，来搜集企业内部相关生产与研究材料。

4.2.2　原料功能性研究

在国家市场监督管理总局网站上对注册备案的国产保健食品，

以葡萄籽提取物为主要原料的产品进行查询。结果显示，目前注册在案的有306种，通过对葡萄籽提取物产品的保健功能进行梳理发现，其主要功能为抗氧化、延缓衰老、祛黄褐斑，少部分有增强免疫力和辅助降血脂的功能。

由于葡萄籽原花青素分子结构中有多电子的羟基部分，是优良的氢或中子的给予体，因此葡萄籽提取物有较强的抗氧化活性，对活性氧有很强的消除能力。研究表明，葡萄籽原花青素可增强机体组织抗氧化酶系统的能力，从而增强抗氧化能力，减少过氧化脂质的生成（边玲和范培红，2005）。葡萄籽提取物原花青素可对氧化损伤起到保护作用，且保护作用优于许多其他抗氧化剂。研究发现，这类多酚化合物清除自由基的能力与它们的化学性质和立体结构密切相关（Botella等，2005）。即使在浓度很低的情况下，葡萄籽提取物中的原花青素也能有效地清除自由基，且能够还原维生素E自由基而使维生素E再生，从而减少细胞内维生素E的损耗。

葡萄籽提取物具有保护心脑血管、预防心脑血管疾病的功能。随着年龄的增长，机体弹性纤维逐渐氧化变硬，从而导致老年人患上心脑血管疾病（Vigna等，2003）。通过动物试验和临床研究发现，葡萄籽提取物可以有效降低低密度脂蛋白和胆固醇水平，并提高血管的抵抗力，降低毛细血管的渗透性，预防血栓形成，起到预防心脑血管疾病的作用（Charradi等，2018）。

国外许多研究证实，葡萄籽提取物原花青素对某些肿瘤细胞具有细胞毒性，如对多种癌细胞包括乳腺癌细胞、前列腺癌细胞、皮肤癌细胞等具有不同程度的抑制作用。

葡萄籽提取物的抗氧化活性使其可抑制炎症因子的合成和释

放，抑制组胺脱氢酶的活性，限制透明质酸酶的作用，因而对各种关节炎、胃溃疡及十二指肠溃疡的治疗效果显著，其抗炎机理和清除氧自由基、抗脂质过氧化、减少细胞因子的生成有关（Bagchi等，2000）。

原花青素具有改善人体微循环、增强视网膜的营养供应、改善视网膜功能和提高其灵敏度的作用。在对近视患者视觉作用的临床试验中，给 200 名近视性视网膜非炎性改变的患者服用葡萄籽提取物原花青素，每日 150mg，连续服用 2 个月后，受试者的视力有了明显提高。

5 葡萄籽提取物原花青素的国际标准和国内标准 》

5.1 国际标准

下面以《美国药典》（USP 38）中的《葡萄籽低聚原花青素》为例进行简述。

葡萄籽低聚原花青素是葡萄科植物（Vitaceae）成熟种子提取物的一部分，干基包含不低于75.0%的低聚原花青素。可以使用合适的溶剂，如甲醇、丙酮、乙酸乙酯、水或这些溶剂的混合物，以起始植物材料与提取物按（10～70）：1来制备提取物，通过乙酸乙酯分级分离或其他方式进一步获得富含低聚原花青素的提取物。

（1）鉴定：一种薄层色谱鉴定

①准备。

A. 吸附剂　色谱硅胶，平均粒径为5μm，层厚度约为0.2mm（HPTLC板）。

B. 标准品溶液A　使用超声处理，将一定量的USP提纯的葡萄籽寡聚原花青素标准品溶解在甲醇中，以获得浓度约为5mg/mL的溶液。必要时离心，并使用澄清的上清液。

C. 标准品溶液B　使用超声处理将一定量的USP（+）-儿茶

素标准品溶解在甲醇中，以获得浓度约为 1mg/mL 的溶液。

D. 样品溶液　按照标准品溶液 A 的使用说明进行操作，不同之处在于使用葡萄籽寡聚原花青素。

E. 混合溶剂　丙酮、甲苯和甲酸按 15∶15∶5 进行混合。

F. 喷雾剂　通过超声处理，将约 100mg 香兰素溶解在 3mL 甲醇中。加入约 3mL 盐酸，用甲醇稀释至 10mL，并在冷水中小心混合。

G. 应用体积　15μL，5～10mm 带。

②分析。

A. 样品　有标准品溶液 A、标准品溶液 B 和样品溶液。将样品作为条带施加到合适的薄层色谱板上，使用饱和室，展开色谱图，直到溶剂前沿向上移动板的约 90%。从室中取出板，干燥，用喷涂剂喷涂，干燥，并在可见光下脱氨。

B. 接受标准　样品溶液的色谱图显示出粉红色-紫色谱带，其颜色和 RF 与标准品溶液 A 的色谱图相对应，具有以下近似 RF 值：一对在 0.20～0.23 的谱带（三聚原花青素），谱带为 0.28（原花青素-B2-3′-O-没食子酸酯）、0.31（B 型二聚原花青素）、0.43［（一）-表儿茶素-3-O-没食子酸酯］。样品溶液的色谱图可能在对应的标准品溶液 B 色谱图中的谱带处显示约 0.49 的 RF（残留的黄烷-3-醇单体和/或没食子酸）呈粉红色-紫色谱带。其他粉红色-紫色谱带也可能被观察到。在儿茶素和表儿茶素限量测试中获得的样品溶液的色谱图显示出由原花青素二聚体 B_1、原花青素二聚体 B_2、（一）-表儿茶素-3-O-没食子酸酯引起的峰，以及由保留时间与标准品溶液 B 色谱图中的保留时间相对应的其他低聚原花青素。

(2) 组成

①低聚原花青素的含量。

A. 内标溶液　制备丁基化羟基甲苯在流动相中的溶液，其浓度约为0.3mg/mL。

标准品溶液A：在内标溶液中溶解称量的USP提纯的葡萄籽寡聚原花青素标准品，以获得已知浓度约为1.0mg/mL的溶液。

标准品溶液B：将一部分USP（+）-儿茶素标准品溶解在内标溶液中，以获得浓度约为0.2mg/mL的溶液。

样品溶液：将一定重量的葡萄籽低聚原花青素溶解在内标溶液中，以得到浓度约为1.0mg/mL的溶液。离心，并使用澄清的上清液。

流动相：制备经过过滤、脱气的四氢呋喃和溴化锂水溶液（95∶5）（约1mg/mL）的混合物。

B. 色谱条件

模式：LC。

检测器：UV 280nm。

色谱柱：7.5mm×30cm，5μm，500-Å，填料L21。

柱温：25℃。

流速：1.0mL/min。

进样量：10μL。

样品：标准品溶液A和标准品溶液B。适用性要求为测量在分析下确定的响应。相对标准偏差不超过2.0%，由重复进样的低聚原花青素与内标的峰面积比确定。

分辨率：单体峰和内标物（标准品溶液B）之间为不低于3.0。

C. 分析

样品：有标准品溶液A、标准品溶液B和样品溶液。对标准品溶液A进行色谱分析，确定低聚原花青素保留时间的起点和终点，即主峰响应约为其最大值0.5%的位置。记录低聚原花青素与内标物的峰面积比。通过分析标准品溶液B与样品溶液，确定单体的位置。使用适当的积分方法，将标准品溶液A保留时间内的主峰面积（不包括主峰上方的面积）积分到单体的位置。

计算所获取的葡萄籽中寡聚原花青素的一部分中低聚原花青素（W_o）的质量百分比：

$$W_o=\frac{R_u}{R_s}\times\frac{C_s}{C_u}\times 100\%$$

式中：W_o，低聚原花青素的质量百分比（%）；

R_u，样品溶液中低聚原花青素与内标的峰响应比；

R_s，标准品溶液A中低聚原花青素与内标的峰响应比；

C_s，标准品溶液A中USP纯化的葡萄籽低聚原花青素标准品的浓度（mg/mL）；

C_u，样品溶液中葡萄籽寡聚原花青素的浓度（mg/mL）。

接受标准：干基包含不低于75.0%低聚原花青素。

②儿茶素和表儿茶素。

A. 溶液A　用乙腈。

B. 溶液B　用0.3%的磷酸溶液。

C. 溶剂　准备溶液A和溶液B（1∶9）的混合物。

D. 标准品溶液A　使用超声处理，将一定量的USP（+）-儿茶素标准品溶解在溶剂中，以得到浓度约为0.5mg/mL的溶液。

E. 标准品溶液B　使用超声处理溶解一定量的USP葡萄籽寡

聚体原花青素标准品，在溶剂中获得浓度为约 5mg/mL 的溶液。离心，并使用澄清的上清液。

样品溶液：按照标准品溶液 B 的指示进行操作，不同之处在于使用葡萄籽寡聚原花青素。流动相梯度见表 5-1。

表 5-1　流动相梯度

时间（min）	标准品溶液 A（%）	标准品溶液 B（%）
0	10	90
45	20	80
65	60	40
66	10	90
85	10	90

F. 色谱条件

模式：LC。

检测器：UV 278nm。

色谱柱：4.6mm×25cm，5μm，填料 L1。

流速：0.7mL/min。

进样量：10μL。

G. 适用性

样品：标准品溶液 A 和标准品溶液 B。

适用性要求：从标准品溶液 B 中获得的色谱图与使用许多 USP 葡萄籽低聚原花青素标准品所提供的参考色谱图相似。

相对标准偏差：不超过 2%，由标准品溶液 A 重复进样的儿茶素的峰测定。

H. 分析

样品：有标准品溶液 A、标准品溶液 B 和样品溶液。使用标准品溶液 A、标准品溶液 B 和所用 USP 葡萄籽寡聚原花青素标准品附带的参考色谱图，确定与（+）-儿茶素和（−）-表儿茶素相对应的峰的保留时间。（+）-儿茶素和（−）-表儿茶素的峰的近似相对保留时间分别为 1.0 和 1.43。

计算在所摄取的葡萄籽寡聚原花青素部分中（+）-儿茶素和（−）-表儿茶素的百分比总和：

$$百分比总和=(r_u/r_s)\times(C\times V/W)\times100\%$$

式中，r_u，样品溶液的（+）-儿茶素和（−）-表儿茶素的峰响应总和；

r_s，标准品溶液 A 中（+）-儿茶素的峰响应；

C，标准品溶液 A 中 USP（+）-儿茶素标准品的浓度(mg/mL)；

V，样品溶液的最终体积（mL)；

W，用于制备样品溶液的葡萄籽低聚原花青素的重量(mg)。

接受标准：干基包含不超过 19.0%儿茶素与表儿茶素。

③微生物计数测试。总有氧微生物计数不超过 10CFU/g，酵母和霉菌的总和不超过 10CFU/g。缺少特定的微生物：符合沙门氏菌和大肠杆菌的缺失测试要求。

④灼烧残渣。不超过 0.5%，按 5.0g 测定。

⑤水分的测定。不超过 8.0%。

⑥水不溶部分。

分析：将约1g重的样品转移至合适的烧瓶中，加入100mL水，并剧烈摇动15min。使溶液通过预先去皮的烧结玻璃过滤器，用30mL水洗涤烧瓶，并将洗液转移到过滤器中，用30mL的水，以每次5mL洗涤过滤器。在105℃下将干燥器中干燥2h，并在干燥器中冷却，然后称重，计算水不溶部分的百分比。

接受标准：不超过2%。

(3) 其他要求

①包装和贮存。保存在密闭的容器中，避光和防潮，并在受控的室温下贮存。

②标签。标签注明“拉丁文二项式”，并以正式名称命名为“葡萄籽寡聚原花青素”。

5.2 国内标准

5.2.1 《植物提取物　葡萄籽提取物（葡萄籽低聚原花青素）》

《植物提取物　葡萄籽提取物（葡萄籽低聚原花青素）》（T/CCCMHPIE 1.19—2016）由中国医药保健品进出口商会团体提出、由商务部归口，起草单位为天津市尖峰天然产物研究开发有限公司、浙江天草生物科技股份有限公司、重庆骄王天然产物股份有限公司，晨光生物科技集团股份有限公司、湖南朗林生物制品有限公司、湖南华诚生物资源有限公司负责复核。该标准主要规定了葡萄籽提取物（葡萄籽低聚原花青素）的技术要求、检测方法、检验规格包装、运输、贮存和保质期要求，适用于以葡萄籽为原料经提取分离制成的葡萄籽提取物（葡萄籽低聚原花青素），对产品的要求包括感官要求（表5-2）、理化要求（表5-3）和微生物要求（表5-4）。

表5-2　感官要求

项目	要求
色泽	浅棕黄色至棕褐色粉末
气味	气微，味微而苦涩
外观	均匀，无可见异物的粉末

表5-3　理化要求

项目		指标
鉴别		应符合规定
儿茶素和表儿茶素（%）		≤19.0
原花青素（%）		≥95.0
多酚（%）		≥70.0
水分（%）		≤6.0
灰分（%）		≤2.0
残留溶剂	甲醇（mg/kg）	≤50
	乙醇（mg/kg）	≤1 000
重金属（以Pb计，mg/kg）		≤20

表5-4　微生物要求

项目	要求
细菌总数（CFU/g）	≤1 000
霉菌及酵母数（CFU/g）	≤100
大肠杆菌	不得检出
沙门氏菌	不得检出

此标准中的检测方法包括感官检验、理化检验、微生物检验。其中，理化检验包括鉴别、水分、灰分、儿茶素和表儿茶素限量、原花青素值、多酚含量、残留试剂和重金属，微生物检验包括菌落总数、霉菌、酵母、大肠杆菌及沙门氏菌。检测方法所引用的标准包括《中华人民共和国药典》（2010 年版）和相关食品安全国家标准等，具体引用标准如表 5-5 所示。

表 5-5　规范性引用文件

检测项目	引用标准
水分	《中华人民共和国药典》（2010 年版）第一部　附录　Ⅸ　H　水分测定法　第一法
灰分	《中华人民共和国药典》（2010 年版）第一部　附录　Ⅸ　K　灰分测定法
重金属	《中华人民共和国药典》（2010 年版）第一部　附录　Ⅸ　E　重金属检查法
残留试剂	《中华人民共和国药典》（2010 年版）第一部　附录　Ⅷ　P　残留溶剂测定法
菌落总数	《食品安全国家标准　食品微生物学检验　菌落总数测定》（GB 4789.2—2016）
沙门氏菌	《食品安全国家标准　食品微生物学检验　沙门氏菌检验》（GB 4789.4—2016）
霉菌和酵母	《食品安全国家标准　食品微生物学检验　霉菌和酵母计数》（GB 4789.15—2016）
大肠杆菌	《食品安全国家标准　食品微生物学检验　大肠杆菌计数》（GB 4789.38—2012）
包装材料	《食品安全国家标准　食品接触材料及制品通用安全要求》（GB 4806.1—2016）

另外，本标准中还规定了原花青素值、多酚含量，以及儿茶素和表儿茶素限量的测定方法，操作方法如下：

(1) 原花青素值的测定

①仪器和用具。有分析天平（感量为0.01mg）、紫外/可见分光光度计、超声波清洗器、顶空瓶和压盖器。

②试剂和溶液。甲醇，分析纯；盐酸，分析纯；正丁醇（n-BuOH），分析纯；硫酸铁铵，分析纯；水；5%盐酸-正丁醇（$V:V$）溶液，在一个100mL容量瓶中加入大约2/3体积的正丁醇，加入5.0mL盐酸，冷却至室温，并用正丁醇定容至刻度，摇匀，溶液可稳定保存1个月；2%硫酸铁铵溶液，精确称取2.0g硫酸铁铵，置于100mL容量瓶中，加入2mol/L盐酸溶解，冷却至室温，用2mol/L盐酸定容至刻度，摇匀，溶液可稳定保存6个月。

③操作方法。

A. 供试品溶液制备　称取供试品约10mg，置于100mL棕色容量瓶中，加入80mL甲醇，超声溶解，用甲醇定容至刻度，摇匀，即得供试品溶液。

B. 测定方法　精密移取下列溶液至10mL顶空瓶中，包括1.0mL供试品溶液、6.0mL的5%的盐酸-正丁醇溶液；0.2mL 2%硫酸铁铵溶液，盖上顶空瓶的盖和垫，用压盖器（封口钳）封口，将顶空瓶放于水浴锅中［(100±2)℃，瓶中试剂部分应处于水面以下］，水浴40min，取出，在冷水浴（2～10℃）中迅速冷却20min。按照上述方法精密移取1mL甲醇、6mL盐酸-正丁醇和0.2mL硫酸铁铵溶液于10mL空瓶中，同法制备一个试剂空白，用试剂空白作对照，在546nm处测定供试品溶液的吸光度A_1。

C. 结果计算　葡萄籽提取物（葡萄籽低聚原花青素）中原花青素值以w_1计，按以下公式计算：

$$w_1=\frac{A_1\times V_1\times 7\ 200}{m_1\times 275}\times 100\%$$

式中：w_1，供试品中原花青素的质量百分比（%）；

A_1，供试品溶液在吸收波长 546nm 处的吸光度；

V_1，供试品溶液的稀释体积（mL）；

m_1，供试品的称样量（mg）；

275，标准原花青素 100 的检测值。

（2）多酚含量的测定

样品经纯化水溶解后，采用紫外/可见分光光度计法测定，以多点回归曲线法测定多酚的含量。

①仪器和用具。有分析天平（感量为 0.01mg）、紫外/可见分光光度计、超声波清洗器。

②试剂和溶液。无水碳酸钠，分析纯；钨酸钠，分析纯；钼酸钠，分析纯；硫酸锂，分析纯；溴酸钾，分析纯；溴化钾，分析纯；磷酸，分析纯；盐酸，分析纯；水；碳酸钠溶液，称取 20.0g 无水碳酸钠，用水溶解于 100mL 容量瓶中，超声溶解，冷却至室温，用水定容至刻度，摇匀即得；溴滴定液，取溴酸钾 3.0g 与溴化钾 15g，加水适量使溶解成 1 000mL，摇匀即得；福林酚试液，磷钼钨酸试液，取钨酸钠 100g、钼酸钠 25g，加水 700mL、85%磷酸 50mL 与盐酸 100mL，置磨口圆底烧瓶中，缓缓加热回流10h，放冷，再加入硫酸锂 150g、水 50mL 和溴滴定液 1 滴，加热煮沸 15min，冷却，加水稀释至 1 000mL，过滤，滤液作为贮备液置棕色瓶中。本贮备液应为黄绿色，不得显绿色；如放置后变为绿色，则可加溴滴定液 1 滴，煮沸除去多余的溴即可。临用前取贮备液 2.5mL，加水稀释至 10mL，摇匀即得；标准品：没食子酸，CAS

号 149-91-5，纯度≥97.5%。

③操作方法。

A. 标准品溶液制备 称取没食子酸约 10mg，置于 100mL 棕色容量瓶中，加水后超声溶解，冷却至室温，用水定容至刻度，摇匀，配成的标准品溶液中没食子酸浓度约为 0.1mg/mL。

B. 供试品溶液制备 称取供试品 20～30mg，置于 100mL 棕色容量瓶中，加水后超声溶解，冷却至室温，以水定容至刻度，摇匀即得。

C. 标准曲线测定 精密吸取标准品溶液 0.20mL、0.40mL、0.60mL、0.80mL 分别置于 10mL 的棕色容量瓶中，各加入 3～4mL 的水，摇匀；加入 0.5mL 福林酚试液，摇匀；在 1～8min 内各加入 1.5mL Na_2CO_3 溶液，摇匀；用水定容至刻度，摇匀，分别得到没食子酸浓度约为 0.002mg/mL、0.004mg/mL、0.006mg/mL、0.008mg/mL 的标准品溶液，将各容量瓶置于 30℃水浴中保持2h。加入 3～4mL 水于 10mL 棕色容量瓶中，制备空白溶液。以空白溶液调零，于 760nm（10min 内）处测定吸光度。以吸光度为纵坐标、浓度为横坐标，绘制回归曲线，计算线性回归方程。

D. 样品分析 精确吸取 0.2mL 供试品溶液，置于 10mL 棕色容量瓶中，加入 3～4mL 水，摇匀，按照标准曲线测定的方法制备供试品和空白溶液，以空白溶液调零，于 760nm（10min 内）处测定吸光度。

E. 计算结果 根据没食子酸的线性回归方程，计算出被测定供试品溶液中的多酚浓度 C_1。葡萄籽提取物（葡萄籽低聚原花青素）中多酚以质量百分比表示，按下式计算：

$$w_2=\frac{C_1\times V_2}{m_2}\times 100\%$$

式中：w_2，供试品中多酚组分的质量百分比（%）；

C_1，供试品溶液中多酚组分浓度（mg/mL）；

V_2，供试品溶液的稀释体积（mL）；

m_2，供试品的称样量（mg）。

(3) 儿茶素和表儿茶素限量的测定

样品经超声溶解后，采用高效液相色谱法测定，用外标法定量。其中，儿茶素和表儿茶素含量均以儿茶素标准品计算。

①仪器和用具。分析天平，感量为 0.01mg；超声波清洗仪；高效液相色谱仪（附紫外检测器）；0.45μm 微孔滤膜，有机相。

②试剂和溶液。乙腈，色谱纯；磷酸，分析纯；纯水，GB/T 6682 规定的二级水；溶液 A，色谱纯乙腈，过 0.45μm 微孔滤膜；溶液 B，0.3%磷酸（精密移取 3mL 磷酸于 1 000mL 容量瓶中，加水稀释至刻度，摇匀），过 0.45μm 微孔滤膜，即得；溶解液，溶液 A 和溶液 B（1∶9，*V*∶*V*）；（+）-儿茶素标准品，CAS 号 154-23-4，纯度≥97.0%；USP 葡萄籽低聚原花青素（grape seeds oligomeric *Proanthocyanidins*）为对照品，购自美国药典委员会。

③色谱条件及系统适用性。色谱柱，Kromasil C_{18}（250mm×4.6mm，5μm）或同类型色谱柱；流动相 A 相，溶液 A；流动相 B 相，溶液 B；检测波长，278nm；流速，0.7mL/min；温度：30℃。

④操作方法。

A. 标准品溶液制备

a. 标准品溶液 A　精密称取（+）-儿茶素标准品 12.5mg，置于 25mL 容量瓶中，加适量溶解液进行超声溶解，以溶解液定容至刻度，配成浓度约为 0.5mg/mL 的标准品溶液，用 0.45μm 微孔滤膜过滤即得。

b. 标准品溶液 B　精密称取 USP 的葡萄籽低聚原花青素对照品 10mg，置于 2mL 棕色容量瓶中，加适量溶解液进行超声溶解，以溶解液定容至刻度，摇匀，配成浓度约为 5mg/mL 的标准溶液。离心，取上清液，用 0.45μm 微孔滤膜过滤即得。

B. 供试品溶液制备　精密称取供试品 50mg，置于 10mL 容量瓶中，加适量溶解液后用超声溶解，以溶解液定容至刻度，摇匀，配成浓度约为 5mg/mL 的样品溶液。离心，取上清液，用 0.45μm 微孔滤膜过滤即得供试品溶液。

分别精密吸取标准品溶液 A、标准品溶液 B、供试品溶液 10μL，依次注入高效液相色谱仪，测定，用标准品的参考色谱图确认（+）-儿茶素和（-）-表儿茶素的峰的保留时间，二者的相对保留时间大约为 1.0 和 1.43。外标法计算含量，其中，（+）-儿茶素和（-）-表儿茶素均以（+）-儿茶素为标准品计算。

C. 结果计算　葡萄籽提取物（葡萄籽低聚原花青素）中（+）-儿茶素和（-）-表儿茶素含量以质量百分比表示，按下式计算：

$$w_3=\frac{A_2\times C_2\times V_3}{A_3\times m_3}\times 100\%$$

式中：w_3，供试品中（+）-儿茶素、（-）-表儿茶素组分的质量百分比（%）；

A_2，供试品溶液中（+）-儿茶素和（-）表儿茶素的峰面积和；

A_3，标准品溶液 A 中图谱（+）-儿茶素的峰面积；

C_2，标准品溶液A中（+）-儿茶素的浓度（mg/mL）；

V_3，供试品溶液的稀释体积（mL）；

m_3，供试品的称样量（mg）。

5.2.2 《植物提取物中原花青素的测定　紫外/可见分光光度法》

《植物提取物中原花青素的测定　紫外/可见分光光度法》（DB 12/T 885—2019）由天津市农业科学院提出并归口，起草单位为天津市农业质量标准与检测技术研究所。该标准规定了采用紫外/可见分光光度法测定植物提取物中原花青素含量的原理、试剂材料、仪器设备、分析步骤、分析结果表述和精密度，适用于植物提取物中原花青素的测定。

本标准中提到的检测原理是根据原花青素本身无色但经过用热酸处理后，可以生成深红色的花青素离子，用分光光度法测定原花青素在水解过程中生成的花青素离子，来计算试样中的原花青素含量。

（1）试剂及溶液配制

①试剂。有甲醇、正丁醇、盐酸、硫酸铁铵、水。

②试剂配制。

A. 盐酸-正丁醇溶液　取正丁醇50mL于100mL容量瓶中，准确量取盐酸5mL，用正丁醇定容，摇匀，备用。

B. 2mol/L盐酸溶液　准确量取盐酸20mL于烧杯中，加100mL水，摇匀，备用。

C. 硫酸铁铵溶液　称取硫酸铁铵2.0g于三角瓶中，加2mol/L

盐酸溶液，置于沸水中至全部溶解后取出至室温，将其转移至100mL容量瓶中用2mol/L盐酸溶液定容至刻度。

D. 标准品　原花青素标准品纯度≥95%，或经国家认证并授予标准物质证书的标准物质。

③标准品溶液配制。

A. 原花青素标准储备液　取原花青素标准品10mg，置于10mL容量瓶中，加甲醇溶解并定容至刻度，即得浓度为1.0mg/mL的标准储备液，溶液现用现配。

B. 原花青素标准系列工作液　准确量取原花青素储备液0.0、0.10mL、0.25mL、0.50mL、1.0mL、1.5mL、2.0mL、2.5mL，分别置于10mL容量瓶中，加甲醇至刻度，摇匀，即得浓度为0.0、10.0μg/mL、25.0μg/mL、50.0μg/mL、100μg/mL、150μg/mL、200μg/mL、250μg/mL的系列标准工作溶液。

（2）仪器和设备

紫外/可见分光光度计，配1cm比色杯，波长范围为110～900nm；超声波提取机；涡旋混合仪；天平，精度为0.01mg；具盖安瓿瓶，10mL；封口钳；容量瓶，容积分别为10mL、50mL、100mL。

（3）分析步骤

①供试品溶液制备。取样品10～100mg，置于50mL容量瓶中，加入30mL甲醇，超声处理（功率250W，频率50kHz）20min，放至室温后加入甲醇至刻度，摇匀，离心或放至澄清后取上清液作为供试品溶液。如样品原花青素含量较高，则再精密量取上清液10mL，置于100mL容量瓶中，加甲醇稀释至刻度，摇匀，作为供

试品溶液。

②标准曲线绘制。准确吸取原花青素标准系列工作液各 1mL，置于安瓿瓶中，精密加入盐酸-正丁醇溶液 6mL、硫酸铁铵溶液 0.2mL，混匀，用封口钳将其密封，置沸水中加热 40min 后取出，立即置冰水中冷却至室温，于 546nm 波长处测吸光度，显色在 1h 内稳定，以吸光度为纵坐标、原花青素浓度为横坐标绘制标准曲线。

③样品溶液测定。精密吸取供试品溶液 1mL，置于安瓿瓶中，然后按照标准曲线制作步骤执行。以相应试剂为空白，测定样品的吸光度，用标准曲线计算试样中原花青素的含量。

④结果计算。试样中原花青素的含量按以下公式计算：

$$X=\frac{c\times V\times V_2\times 1\,000}{m\times V_1\times 1\,000\times 1\,000}\times 100\%$$

式中：X，样液中原花青素的含量（g/100g）；

c，反应混合物中原花青素的量（μg/mL）；

V，待测样液总体积（mL）；

V_1，样液反应体积（mL）；

V_2，样液反应后总体积（mL）；

m，样液所代表的试样质量（mg）。

以重复性条件下获得的两次独立测定结果的平均值表示，结果保留 3 位有效数字，测定结果须扣除空白值。

5.2.3 《植物源性食品中花青素的测定　高效液相色谱法》

《植物源性食品中花青素的测定　高效液相色谱法》（NY/T 2640—2014）由农业部种植业管理司提出并归口，起草单位为四川省农业科学院分析测试中心、农业部食品质量监督检验测试中心（成都）、浙江省农业科学院农产品质量标准研究所。该标准规定了植物源性食品中的飞燕草色素、矢车菊色素、矮牵牛色素、天竺葵色素、芍药素和锦葵色素共6种花青素的高效液相色谱测定方法，适用于植物源性食品中花青素含量的测定。以称样量为1g、定容体积为50mL计，飞燕草色素、矢车菊色素、天竺葵色素、芍药素和锦葵色素5种花青素的检出限均为0.15mg/kg，矮牵牛色素的检出限为0.5mg/kg。同样条件下定量限：飞燕草色素、矢车菊色素、天竺葵色素、芍药素和锦葵色素5种花青素均为0.5mg/kg，矮牵牛色素为1.5mg/kg。该标准规定了植物源性食品中花青素的测定原理、试剂和材料、仪器与设备等。

（1）测定原理

植物源性食品中的花青素主要以花色苷的形式存在。试样经乙醇-水的强酸溶液超声提取花色苷后，经沸水浴将花色苷水解成花青素，用高效液相色谱法测定，以保留时间定性，用外标法定量。

（2）试剂和材料

无水乙醇，色谱纯；甲酸，色谱纯；甲醇，色谱纯；盐酸，优级纯；提取液，无水乙醇、水、盐酸按2∶1∶1（$V:V:V$）配制，取200mL无水乙醇、100mL水和100mL盐酸混匀；10%盐酸甲醇溶液（体积比）：取10mL盐酸、90mL甲醇混匀；飞燕草色素（CAS号528-53-0，纯度≥96%）、矢车菊色素（CAS号528-58-0，纯度≥98%）、矮牵牛色素（CAS号1429-30-7，纯度≥96%）、天竺葵色素（CAS号134-04-0，纯度≥96%）、芍药素（CAS号134-

01-0，纯度≥98%）、锦葵色素（CAS号643-84-5，纯度≥96%）；单标储备溶液：分别准确称取飞燕草色素、矢车菊色素、矮牵牛色素、天竺葵色素、芍药素和锦葵色素共6种花青素标准品5.0mg，用10%盐酸甲醇溶液溶解并分别定容至10mL容量瓶中，即为500mg/L的单标储备液，于－18℃下，盐酸甲醇溶液溶解并分别定容至10mL容量瓶中，保存有效期为6个月；混合标准使用液，使用中将单一标准储备液进行混合后，用10%盐酸甲醇溶液作为溶剂，并逐级稀释成0.5mg/L、1.0mg/L、5.0mg/L、25.0mg/L、50.0mg/L或其他浓度的花青素混合标准使用液，在4℃下有效期为6个月；滤膜，0.45μm，水相滤膜。

(3) 仪器与设备

高效液相色谱仪带（紫外或二极管阵列检测器）；天平，精度分别为0.01mg、0.01g；水浴锅；匀浆机；超声波清洗剂；粉碎机。分析步骤如下：

①试样制备。采用四分法分取样品。含水率高的样品，如葡萄、茄子等，取约200g于匀浆机中匀浆；含水率低的样品，如黑米、黑豆等，用粉碎机进行粉碎，过250μm的筛。所有样品在－18℃条件下保存。

②提取。根据样品中花青素的含量，称取样品1.00～10.00g于50mL具塞比色管中，加入提取液定容至刻度，摇匀1min后超声提取30min。

③水解。超声提取后于沸水浴中水解1h，取出冷却后用提取液再次定容。静置，取上清液，用0.45μm水相滤膜过滤，待测。样品制备好后，在4℃条件下保存时间不超过3d。

(4) 色谱参考条件

色谱柱，C_{18}柱，250mm×4.6mm×5μm 或性能相当者；流动相 A 为含 1%甲酸水溶液，流动相 B 为含 1%甲酸乙腈溶液；检测波长，530nm；柱温，35℃；进样量，20μL。

色谱分析：分别将标准品溶液和试样溶液注入液相色谱仪中，以保留时间定性，以样品溶液峰面积与标准品溶液峰面积比较定量。

结果计算：样品中花青素含量为 6 种花青素含量之和，其含量以质量分数表示：

$$w=\frac{\rho\times V}{m}$$

式中：w，花青素含量（mg/kg）；

ρ，待测液中各花青素的质量浓度（mg/L）；

V，定容体积（mL）；

m，试样质量（g）。

5.2.4 《保健食品中前花青素的测定》

《保健食品中前花青素的测定》（GB/T 22244—2008）由中华人民共和国卫生部提出并归口，负责起草单位为中国疾病预防控制中心营养与食品安全所，参加起草单位为吉林省疾病预防控制中心。该标准规定了保健食品中前花青素的测定方法，适用于以葡萄籽、葡萄皮、沙棘、玫瑰果、蓝浆果、法国松树皮提取物等为主要原料制造的保健品中前花青素的测定。方法的检出限为 1.5×10^{-4}g/100g，方法的定量限为 5.0×10^{-4}g/100g，方法的线性范围为10～150μg/mL。

(1) 测定原理

前花青素易溶于水，是黄烷-3-苯儿茶酚和表儿茶素连接而成，依据试样中前花青素前体或聚合物在加热的酸性条件和铁盐催化作用下，C—C键断裂生成深红色花青素离子即氰定的原理，使用高效液相色谱仪，利用C_{18}反向柱分离，在波长525nm下检测，根据保留时间定性，用外标法定量，即可测定试样中的前花青素含量。

(2) 试剂和材料

甲醇，分析纯，色谱纯；正丁醇，分析纯；盐酸，分析纯；二氯甲烷，分析纯；异丙醇，分析纯；甲酸，分析纯；硫酸铁铵，分析纯；水，实验室一级用水，电导率（25℃）为0.01mS/m；2%硫酸铁铵溶液，称取硫酸铁铵2g，用浓度为2mol/L盐酸溶解，定容至100mL；前花青素标准品浓度，≥98%；前花青素标准品溶液(1.00mg/mL)，称取0.01g前花青素标准品（精确至0.000 1g)，用色谱纯甲醇溶解并定容至10mL，保存在棕色容量瓶中，此溶液现用现配；高效液相色谱仪，配有紫外检测器；超声波清洗器；离心机，4 000r/min。

(3) 分析步骤

①试样处理。

A. 片剂　取20片试样，研磨成粉状。

B. 胶囊　取20粒胶囊内容物，混匀。

C. 软胶囊　挤出20粒胶囊内容物，搅拌均匀，如内容物含油，则应将内容物尽可能挤出。

D. 口服液　摇匀后取样。

②提取。

A. 固体粉状试样　称取 50～500mg（精确至 0.001g）试样于 50mL 棕色容量瓶中，加入 30mL 分析纯甲醇，超声处理 20min，冷却至室温后加分析纯甲醇至刻度，摇匀，离心（3 000r/min，10min）或放至澄清后取上清液备用。

B. 含油试样　根据试样含量称取 50～500mg（精确至 0.001g）试样置于小烧杯中，用 5mL 二氯甲烷使试样溶解，并倒入 50mL 容量瓶中，再用分析纯甲醇多次洗烧杯，将洗液倒入 50mL 棕色容量瓶中，用分析纯甲醇定容至刻度，摇匀。

C. 口服液　根据试样含量准确吸取 1～5mL 样液，置于 50mL 容量瓶中，加分析纯甲醇至刻度，摇匀。

③水解反应。将正丁醇与盐酸按 95∶5 的体积比混合，取出 15mL 置于具塞锥形瓶中，再加入 0.5mL 硫酸铁铵溶液和 2mL 试样溶液，混匀，置沸水浴中回流，精确加热 40min 后立即置冰水中冷却，经 0.45μm 滤膜过滤，待用高效液相色谱仪分析。

④标准曲线制备。吸取标准品溶液 0.10mL、0.25mL、0.50mL、1.0mL、1.5mL，置于 10mL 棕色容量瓶中，加分析纯甲醇至刻度，摇匀。各取 2mL 测定，处理方法同上，以峰高或峰面积对浓度作标准曲线。

⑤液相色谱参考条件。色谱柱，耐低 pH 型的 ODS C_{18} 柱，4.5mm×150mm，5μm；柱温，35℃；检测器，紫外检测器；检测波长，525nm；流动相，水∶甲醇（色谱级）∶异丙醇∶甲酸＝73∶13∶6∶8；进样量，10μL；流速，1.0mL/min；色谱分析，取标准品溶液及试样溶液注入色谱仪中，以保留时间定性，以试样峰高或峰面积与标准比较定量。

⑥结果计算。试样中前花青素的含量按以下公式进行计算：

$$X=\frac{X_1\times V\times f}{m}\times 100\%$$

式中：X，试样中前花青素的含量（g/kg或g/L）；

X_1，从标准曲线上得到的含量（mg/mL）；

V，试样定容体积（mL）；

f，稀释倍数；

m，试样的质量（g）或体积（mL）。

计算结果保留3位有效数字。

5.2.5 《葡萄籽油》

《葡萄籽油》(GB/T 22478—2008）参考了国际食品法典委员会标准CODEX STAN 210—1999（Rev. 1—2001）《指定的植物油标准》的内容，技术质量要求设定、限量值和上述国际标准一致。该标准由国家粮食局（现为“国家粮食和物资储备局”）提出，归口为全国粮油标准化技术委员会，负责起草单位为国家粮食局科学研究院，参与起草的单位有山东远望生物科技有限公司、河南工业大学、云南省粮食科学研究所。该标准规定了葡萄籽油的相关术语和定义、质量要求与卫生要求、检验方法、检验规则、标签标识，以及包装、贮存、运输等要求，适用于以葡萄籽为原料加工后供人食用的商品葡萄籽油，其测定指标和规范性引用文件如表5-6表示。

表5-6 《葡萄籽油》的测定指标和规范性引用文件

测定指标	引用标准
卫生要求	《食用植物油卫生标准》(GB 2716—2005)（已废止）

（续）

测定指标	引用标准
铜含量	《食品中铜的测定》(GB/T 5009.13—2003)（已废止）
色泽检验	《食用植物油卫生标准的分析方法》(GB/T 5009.37—2003)（部分有效）
铁含量	《食品中铁、镁、锰的测定》(GB/T 5009.90—2003)（已废止）
检测一般规则	《粮食、油料及植物油脂检验一般规则》(GB/T 5490—2010)
扦样、分样	《动植物油脂　扦样》(GB/T 5524—2008)
透明度、气味、滋味检验	《植物油脂　透明度、气味、滋味鉴定法》(GB/T 5525—2008)
相对密度	《植物油脂检验　比重测定法》(GB/T 5526—1985)
折光指数	《植物油脂检验　折光指数测定法》(GB/T 5527—2010)
水分及挥发物检验	《动植物油脂　水分及挥发物含量测定》(GB/T 5528—2008)（已废止）
酸值检验	《动植物油脂　酸值和酸度测定》(GB/T 5530—2005)（已废止）
碘值检验	《动植物油脂　碘值的测定》(GB/T 5532—2008)
皂化值检验	《动植物油脂　皂化值的测定》(GB/T 5534—2008)
不皂化物检验	《动植物油脂　不皂化物的测定　第一部分：乙醚提取法》(GB/T 5535.1—2008) 《动植物油脂　不皂化物的测定　第二部分：己烷提取法》(GB/T 5535.2—1998)（已废止）
过氧化值检验	《动植物油脂　过氧化值测定》(GB/T 5538—2005)（已废止）
标签标识	《预包装食品标签通则》(GB 7718—2011)
不溶性杂质检验	《动植物油脂　不溶性杂质含量的测定》(GB/T 15668—1995)
包装	《食用植物油　销售包装》(GB/T 17374—2008)
脂肪酸组成检验	《动植物油脂　脂肪酸甲酯制备》(GB/T 17376—2008)（已废止）

（续）

测定指标	引用标准
甾醇含量检验	《动植物油脂　甾醇成分及甾醇总含量的测定　气相色谱法》（ISO 12228：1999）
含皂量检验	《油脂中含皂量测定　滴定法》[AOCS Cc 17—95（97）]

该标准还规定了葡萄籽油的特征指标（表 5-7）、脂肪酸组成及含量（表 5-8）、甾醇成分及占总甾醇的百分率（表 5-9）、质量指标（表 5-10）。

表 5-7　葡萄籽油的特征指标

项目	指标要求
折光指数（n^{40}）	1.467～1.477
相对密度（d_{20}^{20}）	0.920～0.926
碘值（I，g/100g）	128～150
皂化值（KOH，mg/100g）	188～194
不皂化物（g/kg）	≤20
总甾醇含量（mg/kg）	2 000～7 000

表 5-8　葡萄籽油脂肪酸组成及含量（%）

脂肪酸	含量
豆蔻酸 $C_{14:0}$	ND 至 0.3
棕榈酸 $C_{15:0}$	5.5～11.0
棕榈油酸 $C_{15:1}$	ND 至 1.2
十七烷酸 $C_{17:0}$	ND 至 0.2
十七碳一烯酸 $C_{17:1}$	ND 至 0.1
硬脂酸 $C_{18:0}$	3.0～6.5

（续）

脂肪酸	含量
油酸 $C_{18:1}$	12.0～28.0
亚油酸 $C_{18:2}$	58.0～78.0
亚麻酸 $C_{18:3}$	ND 至 1.0
花生酸 $C_{20:0}$	ND 至 1.0
二十碳一烯酸 $C_{20:1}$	ND 至 0.3
山萮酸 $C_{22:0}$	ND 至 0.5
芥酸 $C_{22:1}$	ND 至 0.3
木焦油酸 $C_{24:0}$	ND 至 0.4

注：ND 表示未检出，含量≤0.05%。

表 5-9 葡萄籽油甾醇成分及占总甾醇的百分率（%）

甾醇成分	占总甾醇的百分率
高根二醇	＞2
芸苔甾醇	ND 至 0.2
菜籽甾醇	7.5～14.0
豆甾醇	7.5～12.0
β-谷甾醇	64.0～70.0
δ-5-燕麦甾醇	1.0～3.5
δ-7-谷甾醇	0.5～3.5
δ-7-燕麦甾醇	0.5～1.5
其他	ND 至 5.1

注：ND 表示未检出，含量≤0.05%。

表 5-10 葡萄籽油质量指标

项目	等级		
	一级	二级	三级
色泽	淡绿色或浅黄绿色		

（续）

项目	等级		
	一级	二级	三级
气味、滋味	气味、口感好	气味、口感良好	具有葡萄籽油固有的气味和滋味，无异味
透明度	澄清、透明		
水分及挥发物（%），≤	0.10		
杂质（%），≤	0.05		
酸值（以 KOH 计，mg/g），≤	0.60	1.0	3.0
过氧化值（mmol/kg），≤	5.0	6.0	7.5
含皂量（%），≤	0.005	0.005	0.03
铁（mg/kg），≤	1.5		5.0
铜（mg/kg），≤	0.1		0.4
溶剂残留量（mg/kg），≤	50		

注：当油的溶剂残留量检出值小于 10mg/kg 时视为未检出。

5.3 重要质量指标及检测方法

5.3.1 儿茶素和表儿茶素

儿茶素、表儿茶素广泛存在于药材和茶叶等植物或植物性食物（水果、硬果等）中，属于多酚类物质中的黄烷-3-醇类化合物，有抗氧化、抗炎、抗肿瘤、改善糖尿病和神经退行性病变、调节免疫功能等生物活性（吴飞飞等，2019）。对儿茶素和表儿茶素的测定基本上采用溶剂提取-液相色谱的方法，相关检测方法如表5－11所示。我国测定不同原料中儿茶素和表儿茶素含量的方法主要是高效液相色谱法（HPLC）、反相高效液相色谱法（RP-HPLC）和超高效液相色谱串联质谱法（UPLC-MS-MS），使用高效液相色谱法测定儿茶素和表儿茶素的结果准确、可靠、快速且简单易行。

表 5-11　不同原料中儿茶素和表儿茶素的测定方法

原料	测定物质	方法	条件	资料来源
金樱子	儿茶素	HPLC	Hypersil BDS C_{18}（4.6mm×250mm，5μm）色谱柱，以乙腈-0.2%磷酸水溶液为流动相，进行梯度洗脱，柱温为25℃，流速为1.0mL/min，检测波长为278nm，进样量为20μL	任旻琼等，2019
花生衣药材	儿茶素	HPLC	采用HPLC法，以Sepax BR-C_{18}（4.6mm×250mm，5μm）为色谱柱；以乙腈∶水（10∶90）为流动相，流速为1.0mL/min，柱温为30℃，检测波长为28nm	赵艳等，2019
苹果提取物	儿茶素、表儿茶素	HPLC	采用十八烷基键合硅胶填充柱（C_{18}，100 A，4.6mm×250mm，5μm）；以乙腈∶水∶乙酸（80∶20∶0.4，*V*∶*V*∶*V*）为流动相A，以乙酸∶水（98∶2，*V*∶*V*）为流动相B，梯度洗脱为0～3min，柱温为25℃，检测波长为280nm，进样量为20μL	邢新锋和叶强，2018
山楂叶	儿茶素、表儿茶素	HPLC	ACES AQ C_{18} Plus（4.6mm×250mm，5μm）色谱柱，流动相为0.5%甲酸水-乙腈梯度洗脱液，流速为0.8mL/min，检测波长分别为280nm和350nm，柱温为25℃	乔冠婷等，2019
大黄炮制品	儿茶素	RP-HPLC	Thermo Scientific™ Hypersil GOLD Dim色谱柱，流动相为甲醇-0.1%磷酸水溶液（梯度洗脱液），检测波长为278nm，流速为1.0mL/min，柱温为30℃，进样量为10μL	魏江存等，2019

（续）

原料	测定物质	方法	条件	资料来源
猕猴桃根	儿茶素、表儿茶素	RP-HPLC	Agilent TC C_{18}（250mm×4.6mm，5μm）色谱柱，以乙腈-1%甲酸水溶液为流动相，以1.0mL/min的流速梯度洗脱，检测波长为280nm，柱温为30℃，进样量为10μL	任旻琼等，2019
芒果皮	儿茶素	UPLC-MS-MS	Agilent SB C_{18}（100mm×2.1mm，1.8μm）色谱柱，以乙腈-1%乙酸水溶液为流动相，以0.35mL/min的流速梯度洗脱，柱温为30℃	陈文思等，2019
茶油	儿茶素、表儿茶素	UPLC-MS-MS	Waters T3 C_{18}（250mm×4.6mm，5μm）色谱柱，以0.1%甲酸水溶液和甲醇（$V:V$）为流动相进行梯度洗脱	黄彪等，2019

5.3.2 原花青素值

原花青素具有多样化的药理活性，包括抗氧化、抗肿瘤、预防心脑血管疾病、抗菌、抗病毒、抗衰老（石磊等，2019；汪玉玲等，2019；张洪等，2019）。作为生物类黄酮，原花青素具有特殊分子结构，是由不同数量的单体黄烷-3-醇缩合而成的多聚体酚类物质，是一种天然抗氧化剂。日常中我们人体吸收的原花青素都是通过饮食摄入的，如通过豆类、谷物、坚果、巧克力、果酱、葡萄、苹果等摄入。在植物组织中，原花青素的分布是不均匀的，这导致不同种类的食物或相同种类不同组织部位中的原花青素含量可能存在差异。由于缺乏适合且可靠的表征方法及商业标准，因此有关原花青素的组成数据很少。

复杂的样品基质和化学成分结构的多样性，使得通常不可能直接定量或分析物质中的原花青素。因此，在分析之前，通常需要对样品进行分馏或预纯化。同时关于原花青素的定量方法至今还尚无统一标准，主要采用的是紫外/可见分光光度法、香草醛-盐酸法、铁盐催化比色法等。高效液相色谱法（HPLC）因其分离度高、精密度高、重现性好、分析时间相对较短，通常是首选方法。此外，HPLC与多种检测器联用，如紫外线、光电二极管阵列、荧光、电化学和质谱等可以多样性地组合及开发出更多便利、快捷的检测方法，为测定原花青素带来更多探索前景（傅武胜等，2001；李春阳，2006；段圣飞等，2017）（表5-12）。

表5-12 原花青素定量测定方法

原料	方法	条件	资料来源
黑豆皮	HPLC	Agilent Eclipse XDB C_{18} 柱（250mm×4.60mm，5μm）色谱柱，用流动相（A相为2%冰醋酸水溶液、B相为甲醇）进行梯度洗脱，流速为1.0mL/min，检测波长为280nm，柱温为30℃，进样量为20μL	李勇等，2019
保健品	HPLC和铁盐催化比色法	Agilent ZORBAX SB C_{18} Stable Bond Analytical（4.6mm×250mm，5μm）色谱柱；流动相：水：甲醇：异丙醇：甲酸=65：22：5：8（V：V：V：V）；流速为1.0mL/min，柱温为30℃，进样量为10μL，检测波长为525nm	汪玉玲等，2019
葡萄籽超微粉	铁盐催化比色法	原花青素标液浓度为10%（W/V）加入9.0mL比为83：6：1的正丁醇：浓HCl：10%硫酸铁铵反应混合液，显色时间为2h，波长为550nm	傅武胜等，2001
山葡萄籽	香草醛-盐酸法	采用的盐酸浓度为8%，香草醛浓度为1%，显色时间为30min	桑雅丽等，2018
葡萄籽、梗	低浓度香草醛-盐酸法	采用的盐酸浓度为4%，香草醛浓度为0.5%，显色时间为30min，显色温度为(30±1)℃	李春阳等，2004

（续）

原料	方法	条件	资料来源
蓝莓果酱	电化学发光法	原花青素对发光信号的淬灭峰面积与在其浓度为 0.05～50mg/L 时呈现良好的线性相关，检出限为 0.02mg/L	习霞等，2019
玫瑰花茶	紫外分光光度法	乙醇体积占 50%，盐酸体积占 0.10%，超声提取时间为 110min，沸水浴时间为 10min，平衡时间为 10min，该检测方法的加标回收率（102.1%）和精密度试验结果（1.56%）良好、灵敏稳定、操作简便	张洪等，2019

5.3.3 多酚含量

多酚是植物中的酚类次生代谢产物，在植物的叶、果、皮、根中广泛存在，且具有广泛的生物活性，如抗癌、抗菌、抗氧化等（伍阳阳等，2018；宋振国等，2019）。目前，测定多酚的常用方法主要有 Folin-Ciocalteu 比色法、酒石酸亚铁比色法和 HPLC 等（胡瑞云等，2018）（常用检测方法见表 5 - 13）。其中，Folin-Ciocalteu 比色法操作简单、成本低廉、显色反应稳定且可靠，方便采用；酒石酸亚铁比色法的准确度和精密度均较高，但使用该法时试剂准备费时且消耗量大；HPLC 分离的效果好，检测快速，但样品预处理过程复杂、费时，价格昂贵，因此使用受到了限制。

表 5 - 13　多酚含量测定方法

测定物质	方法	优势	资料来源
石榴皮提取物	Folin-Ciocalteu 比色法	方便稳定，方法可靠	宋振国等，2019
山葡萄籽、洋葱醇提物	Folin-Ciocalteu 比色法	灵敏度高，重复性好，简便快捷	贾荣等，2009；李佩儒等，2019

（续）

测定物质	方法	优势	资料来源
甘蔗果酒	Folin-Ciocalteu比色法、Folin-Denis比色法和紫外/可见分光光度法	含量较纯的多酚物质，采用紫外/可见分光光度法接测定，测定过程方便快捷；对于组分复杂的多酚物质，受到干扰物质的影响造成测定结果偏高，采用Folin-Ciocalteu比色法、Folin-Denis比色法则更为适宜	胡瑞云等，2018
三加叶	紫外/可见分光光度法	操作简便，灵敏度高且准确可靠	郭蒙等，2018
绿茶	酒石酸亚铁比色法与Folin-Ciocalteu比色法	这两种方法测定结果平均差异在35%左右	梁丽云等，2018
猕猴桃皮	HPLC	方法重复性好（RSD≤1.40%）、稳定性较强（RSD≤2.86%）、精密度较高（RSD≤1.85%），操作简单、快速	刘晓燕等，2019

5.4　国内外标准分析对比

国际上关于原花青素测定的标准有《美国药典》（USP38），我国关于原花青素、花青素和前花青素测定及葡萄籽标准，包括国家标准、行业标准、地方标准和团体标准，各个标准的对比如表5-14所示。其中，国家标准有《保健食品中前花青素的测定》（GB/T 22244—2008）和《葡萄籽油》（GB/T 22478—2008），行业标准有《植物源性食品中花青素的测定　高效液相色谱法》（NY/T

2640—2014），地方标准有《植物提取物中原花青素的测定　紫外/可见分光光度法》（DB 12/T 885—2019），团体标准有《植物提取物　葡萄籽提取物（葡萄籽低聚原花青素）》（T/CCCMHPIE 1.19—2016）。

表 5-14　我国关于原花青素、花青素和前花青素测定及葡萄籽标准对比

标准	适用范围	测定指标	方法
T/CCCMHPIE 1.19—2016	葡萄籽提取物	原花青素值、多酚含量及儿茶素和表儿茶素限量	紫外/可见分光光度法、高效液相色谱法
DB 12/T 885—2019	植物提取物	原花青素	紫外/可见分光光度法
NY/T 2640—2014	植物源性食品	飞燕草色素、矢车菊色素、矮牵牛色素、天竺葵色素、芍药素和锦葵色素共6种花青素	高效液相色谱法
GB/T 22244—2008	葡萄籽、葡萄皮、沙棘、玫瑰果、蓝浆果、法国松树皮提取物	前花青素	高效液相色谱法
GB/T 22478—2008	葡萄籽油	油脂相关指标	GB/T、AOCS Cc、ISO

国际上有关葡萄籽提取物的质量标准为《美国药典》（USP38）中的《葡萄籽低聚原花青素》，我国葡萄籽提取物的质量标准为《植物提取物　葡萄籽提取物（葡萄籽低聚原花青素）》（T/CCCMHPIE 1.19—2016）。USP38标准中通过高效液相色谱法，测定葡萄籽中低聚原花青素的百分比及儿茶素和表儿茶素的百分比；T/CCCMHPIE 1.19—2016 中采用紫外/可见分光光度法测定原花青素值和多酚含

量，采用高效液相色谱法（外标法）测定儿茶素和表儿茶素限量。USP38 和 T/CCCMHPIE 1.19—2016 标准对比如表 5-15 所示。

表 5-15 美国 USP38 和我国 T/CCCMHPIE 1.19—2016 葡萄籽质量标准对比

要求	USP38	T/CCCMHPIE 1.19—2016	比较
原花青素值测定	低聚原花青素含量，使用高效液相色谱值	原花青素值，采用紫外/可见分光光度法	方法不同
儿茶素和表儿茶素限量测定	高效液相色谱法，外标法定量	高效液相色谱法，外标法定量	方法和条件基本相同
多酚含量测定	未涉及	采用紫外/可见分光光度法测定，以多点回归曲线法测定多酚的含量	不同
原花青素接受标准	低聚原花色素干基含量不低于 75.0%	原花青素值不低于 95.0%	测定方法对含量适用范围不同
农药残留分析	不超过 20μg/g	重金属（以 Pb 计）不高于 20mg/kg	相同
儿茶素和表儿茶素	干基含量不超过 19.0%	不超过 19.0%	团体标准未注明干基
微生物要求	总有氧微生物计数不超过 10^4 CFU/g，酵母和霉菌的总和不超过 10^3 CFU/g；大肠杆菌和沙门氏菌不得检出	细菌总数不超过 1 000 CFU/g，酵母和霉菌的总和不超过 100CFU/g，大肠杆菌和沙门氏菌不得检出	相同：大肠杆菌和沙门氏菌不得检出 不同：国内团体标准未规定有氧微生物，酵母和霉菌国内要求更高
灰分含量	不超过 0.5%	不超过 2.0%	《美国药典》中要求的含量更低
水分含量	不超过 8.0%	不超过 6.0%	国内团体标准中要求的含量更低

（续）

要求	USP38	T/CCCMHPIE 1.19—2016	比较
水不溶组分	不超过2%	未涉及	国内团体标准未涉及水不溶组分要求
残留溶剂	甲醇不超过30mg/kg	甲醇不超过50mg/kg，乙醇不超过1 000mg/kg	基本相同

5.5 保健食品原料标准编制建议

国际上有关葡萄籽提取物的质量标准为《美国药典》（USP38）中的《葡萄籽低聚原花青素》，我国葡萄籽提取物的质量标准为《植物提取物　葡萄籽提取物（葡萄籽低聚原花青素）》（T/CCCMHPIE 1.19—2016）。在大部分指标和限量值上，T/CCCMHPIE 1.19—2016均参考《美国药典》，包括微生物限量、酵母与霉菌限量、沙门氏菌与大肠杆菌限量，以及水分、灰分、儿茶素与表儿茶素限量等。然而，在最重要的一个指标上，即低聚原花青素含量上两个标准存在较大差异。《美国药典》采用的指标直接为低聚原花青素含量，且规定其不得低于75.0%；T/CCCMHPIE 1.19—2016则采用原花青素含量，规定其不得低于95.00%。本文认为《美国药典》标准更为科学合理，因为低聚原花青素含量是一个绝对值，而原花青素含量是一个相对值，此外，葡萄籽提取物真正有效的组分是低聚原花青素。然而，《美国药典》标准的执行难度较大，因为需要专用的标准物质来进行测定。

参 考 文 献

边玲，范培红，2005. 葡萄籽提取物的化学成分及药理活性研究概况 [J]. 食品与药品，7 (4)：20-22.

陈文思，许耿瑞，王小康，等，2019. UPLC-MS/MS 法同时测定杧果皮中 4 种成分的含量 [J]. 中药材，42 (8)：1828-1831.

段圣飞，康倩倩，汪豪，等，2017. 紫外分光光度法测定花生衣原花青素的含量及平均聚合度 [J]. 现代中药研究与实践，31 (4)：60-62.

冯建光，2004. 葡萄籽提取物的质量评定 [J]. 中国食品添加剂 (2)：49-51.

傅武胜，蔡一新，林丽玉，等，2001. 铁盐催化比色法测定葡萄籽提取物中的原花青素 [J]. 食品与发酵工业，27 (10)：5.

郭蒙，高林晓，李云萍，等，2018. UV-Vis 分光光度法测刺三加叶中总多酚 [J]. 食品工业，39 (6)：291-295.

胡瑞云，沈石妍，王智能，等，2018. 甘蔗果酒多酚含量测定的不同方法对比研究 [J]. 中国糖料，40 (3)：22-25.

黄彪，刘文静，吴建鸿，等，2019. UPLC-MS-MS 同时测定茶油中 8 种儿茶素类物质 [J]. 现代食品科技，35 (3)：249-255.

贾荣，倪海镜，赵春芳，等，2009. 山葡萄籽提取物中总多酚的含量测定 [J]. 吉林大学学报：医学版，35 (5)：877-879.

蒋其忠，2010. 茶籽壳原花青素的分离纯化、稳定性及抗氧化活性研究 [D]. 合肥：安徽农业大学.

李超，郑义，王卫东，等，2010. 响应曲面法优化亚临界水提取葡萄籽原花青素的工艺研究 [J]. 食品科学 (12)：6-10.

李春阳，2006. 葡萄籽中原花青素的提取纯化及其结构和功能研究 [D]. 无锡：江南大学.

李春阳，许时婴，王璋，2004. 低浓度香草醛-盐酸法测定葡萄籽，梗中原花青素含量的研究 [J]. 食品工业科技 (6)：128-130.

李凤英，崔蕊静，李春华，2005. 采用微波辅助法提取葡萄籽中的原花青素 [J].

食品与发酵工业，31（1）：39-42.
李佩儒，周春阳，张译，等，2019. 洋葱醇提物总多酚含量及其抗氧化活性研究［J］. 中国药业，28（9）：21-24.
李瑞丽，马润宇，2006. 微波辅助水提葡萄籽原花青素的研究［J］. 食品研究与开发，27（9）：10-13.
李勇，李代魁，李忠平，等，2019. 黑豆皮中原花青素含量测定及抗氧化活性研究［J］. 农产品加工·学刊（3）：60-63.
梁丽云，吴慧杰，焦远方，等，2018. 两种方法测定绿茶中茶多酚含量的比较［J］. 贵州茶叶，46（4）：3.
刘晓燕，尚霞，马立志，等，2019. 猕猴桃皮中 6 种多酚类化合物的 HPLC 检测法建立［J］. 食品工业科技，40（10）：7.
马亚军，郎惠云，董发昕，2005. 间接原子吸收法测定葡萄籽提取物中的原花青素［J］. 分析化学，33（1）：120-121.
乔冠婷，王阳，王晓慧，等，2019. 高效液相色谱法对山楂叶中 8 种有效成分的测定［J］. 长治医学院学报，33（2）：94-97.
任旻琼，张茂美，刘宏伟，等，2019. HPLC 法测定不同产地金樱子中儿茶素的含量［J］. 广州化工，47（15）：110-111.
桑雅丽，李晓春，王欣宇，等，2018. 山葡萄籽中原花青素的提取及其含量测定［J］. 赤峰学院学报：自然科学版，34（9）：40-42.
邵云东，高文远，苏艳芳，等，2005. 葡萄籽提取物的质量标准［J］. 中国中药杂志，30（18）：1406-1408.
石磊，高哲，刘丽南，等，2019. 四种原花青素含量测定方法比较［J］. 食品工业科技，40（15）：242-247.
宋振国，吴小瑜，严琳，等，2019. Folin-Ciocalteu 比色法测定石榴皮多酚含量条件的优化研究［J］. 中国当代医药，26（6）：4-7.
汪玉玲，陈星蓉，陆婷婷，等，2019. 保健品中原花青素含量检测方法的比较研究［J］. 检验检疫学刊，29（3）：9-14.
王雷，李祥，朱晨，2004. 薄层色谱法在中药定性定量研究中的应用［J］. 天津药学，16（4）：50-52.
王跃生，王洋，2006. 大孔吸附树脂研究进展［J］. 中国中药杂志，31（12）：5.
魏江存，谢臻，杨正腾，等，2019. RP-HPLC 法同时测定 3 种不同大黄炮制品中没食子酸，桂皮酸和儿茶素的含量［J］. 中国药房，30（22）：3035-3056.
吴飞飞，张笛，周静，等，2019. 三种桃果实中的儿茶素、表儿茶素含量比较［J］. 湖北农业科学，58（9）：110-113.

伍阳阳，胡剑勇，邓仕英，2018. 花生壳中多酚的提取及其含量测定［J］. 化学工程与装备（10）：9-10.

习霞，明亮，屠一锋，2019. 电化学发光法测定蓝莓果酱中原花青素含量［J］. 分析实验室，38（5）：519-522.

邢新锋，叶强，2018. HPLC 法测定苹果提取物中有效成分的含量［J］. 粮食流通技术（22）：116-123.

姚开，何强，吕远平，等，2002. 葡萄籽提取物中原花青素含量不同测定方法比较［J］. 化学研究与应用，14（2）：230-232.

禹华娟，孙智达，谢笔钧，2010. 酶辅助提取莲房原花青素工艺及其抗氧化活性研究［J］. 天然产物研究与开发（1）：154-158.

张洪，杨昌彪，杨鸿波，等，2019. 玫瑰花茶中原花青素检测方法研究［J］. 中国酿造，38（11）：186-189.

张峻，吉伟之，陈晓云，等，2002. 吸附层析法制备低聚原花青素［J］. 天然产物研究与开发（4）：31-33.

张涛，李超，商学兵，2011. 葡萄籽原花青素的纤维素酶辅助提取工艺优化［J］. 中国食品添加剂（5）：82-88.

赵艳，马晓静，崔业波，2019. HPLC 法测定不同来源花生衣药材中儿茶素含量［J］. 中国药物评价，36（5）：347-350.

周秋菊，向俊锋，唐亚林，2010. 核磁共振波谱在药物发现中的应用［J］. 波谱学杂志，27（1）：68-79.

周芸，张晓玲，吴永江，等，2013. 近红外漫反射光谱法快速测定莲房原花青素及多酚含量［J］. 中国药学杂志，48（3）：220-224.

Bagchi D, Bagchi M, Stohs S J, et al, 2000. Free radicals and grape seed proanthocyanidin extract: importance in human health and disease prevention [J]. Toxicology, 148 (2): 187-197.

Botella C, Ory I d, Webb C, et al, 2005. Hydrolytic enzyme production by *Aspergillus awamori* on grape pomace [J]. Biochemical Engineering Journal, 26 (2): 100-106.

Bucić-Kojić A, Planinić M, Tomas S, et al, 2007. Study of solid-liquid extraction kinetics of total polyphenols from grape seeds [J]. Journal of Food Engineering, 81 (1): 236-242.

Charradi K, Mahmoudi M, Bedhiafi T, et al, 2018. Safety evaluation, anti-oxidative and anti-inflammatory effects of subchronically dietary supplemented high dosing grape seed powder (GSP) to healthy rat [J]. Biomedicine &

Pharmacotherapy, 107: 534-546.

Counet C, Collin S, 2003. Effect of the number of flavanol units on the antioxidant activity of procyanidin fractions isolated from chocolate [J]. Journal of Agricultural and Food Chemistry, 51 (23): 6816-6822.

Dang Y Y, Zhang H, Xiu Z L, 2014. Microwave-assisted aqueous two-phase extraction of phenolics from grape (*Vitis vinifera*) seed [J]. Journal of Chemical Technology & Biotechnology, 89 (10): 1576-1581.

Dogan A, Celik I, 2012. Hepatoprotective and antioxidant activities of grapeseeds against ethanol-induced oxidative stress in rats [J]. The British Journal of Nutrition, 107 (1): 45-51.

Ghafoor K, Choi Y H, Jeon J Y, et al, 2009. Optimization of ultrasound-assisted extraction of phenolic compounds, antioxidants, and anthocyanins from grape (*Vitis vinifera*) seeds [J]. Journal of Agricultural and Food Chemistry, 57 (11): 4988-4994.

Hemmati A A, Aghel N, Rashidi I, et al, 2011. Topical grape (*Vitis vinifera*) seed extract promotes repair of full thickness wound in rabbit [J]. International Wound Journal, 8 (5): 514-520.

Jing S, Zhang X, Yue L, 2015. Purification of procyanidins from Kunlun chrysanthemum by macroporous resins combined with silica gel and evaluation of antioxidant activities in vitro [J]. Pakistan Journal of Pharmaceutical Sciences, 28 (Suppl): 383-91.

Pinelo M, Rubilar M, Jerez M, et al, 2005. Effect of solvent, temperature, and solvent-to-solid ratio on the total phenolic content and antiradical activity of extracts from different components of grape pomace [J]. Journal of Agricultural and Food Chemistry, 53 (6): 2111-2117.

Revilla E, Ryan J M, Martín-Ortega G, 1998. Comparison of several procedures used for the extraction of anthocyanins from red grapes [J]. Journal of Agricultural and Food Chemistry, 46 (11): 4592-4597.

Sagdic O, Ozturk I, Ozkan G, et al, 2011. RP-HPLC-DAD analysis of phenolic compounds in pomace extracts from five grape cultivars: evaluation of their antioxidant, antiradical and antifungal activities in orange and apple juices [J]. Food Chemistry, 126 (4): 1749-1758.

Shen Z, Haslam E, Falshaw C P, et al, 1986. Procyanidins and polyphenols of *Larix gmelini* bark [J]. Phytochemistry, 25 (11): 2629-2635.

Spigno G，Tramelli L，De Faveri D M，2007. Effects of extraction time，temperature and solvent on concentration and antioxidant activity of grape marc phenolics [J]. Journal of Food Engineering，81 (1)：200-208.

Vigna G B，Costantini F，Aldini G，et al，2003. Effect of a standardized grape seed extract on low-density lipoprotein susceptibility to oxidation in heavy smokers [J]. Metabolism，52 (10)：1250-1257.

附录　我国目前已经注册备案的葡萄籽提取物保健食品

序号	产品名称	保健功能	批准文号	批准日期	主要原料	功能/标志性成分及含量	适宜人群	不适宜人群	食用方法及用量	产品规格
1	葡萄籽提取物胶囊	抗氧化	国食健字G20070373	2014-01-23	葡萄籽提取物、淀粉	每100g含:原花青素32g	中老年人	少年儿童	每日1次，每次2粒,口服	0.3g/粒
2	储康牌红久胶囊	延缓衰老，调节血脂	国食健字G20040140	2004-01-21	葡萄籽提取物、维生素C、淀粉	每100g含:原花青素30.08g	中老年人、血脂偏高者	少年儿童、身体过度瘦弱者	每日1次，每次1粒	300mg/粒
3	舒尼美牌葡萄籽提取物软胶囊	抗氧化	国食健字G20110702	2011-11-11	葡萄籽提取物、大豆油、浓缩磷脂、蜂蜡、明胶、甘油、水	每100g含:原花青素30.2g	中老年人	少年儿童、孕妇、哺乳期妇女	每日1次，每次1粒	0.5g/粒

（续）

序号	产品名称	保健功能	批准文号	批准日期	主要原料	功能/标志性成分及含量	适宜人群	不适宜人群	食用方法及用量	产品规格
4	海瑞盛牌葡萄籽提取物胶囊	抗氧化	国食健字G20150130	2015-03-02	葡萄籽提取物、微晶纤维素、二氧化硅、硬脂酸镁	每100g含:原花青素40g	中老年人	少年儿童、孕妇、哺乳期妇女	每日2次,每次2粒,口服	0.15g/粒
5	海瑞盛牌葡萄籽提取物片	抗氧化	国食健字G20150630	2015-07-13	葡萄籽提取物、微晶纤维素、二氧化硅、硬脂酸镁	每100g含:原花青素30g	中老年人	少年儿童、孕妇、哺乳期妇女	每日2次，每次1片,口服	0.3g/片
6	同仁堂牌葡萄籽提取物软胶囊	抗氧化	国食健字G20070158	2013-08-09	葡萄籽提取物、粉末磷脂、大豆油、蜂蜡、明胶、甘油、尼泊金乙酯、胭脂红、二氧化钛、纯化水	每100g含:原花青素10.0g	中老年人	少年儿童	每日2次，每次2粒，空腹食用	450mg/粒

（续）

序号	产品名称	保健功能	批准文号	批准日期	主要原料	功能/标志性成分及含量	适宜人群	不适宜人群	食用方法及用量	产品规格
7	百合康牌葡萄籽大豆提取物维生素E软胶囊	祛黄褐斑	国食健字G20080483	2015-08-18	葡萄籽提取物、大豆提取物、维生素E、大豆油、蜂蜡、明胶、甘油、棕氧化铁、胭脂红、纯化水	每100g含：原花青素7.53g、维生素E1.223g、大豆异黄酮65.0mg	有黄褐斑的成年女性	少年儿童、孕妇、哺乳期妇女、妇科肿瘤患者及有妇科肿瘤家族病史者	每日2次，每次2粒，口服	450mg/粒
8	高原金果牌耐福软胶囊	抗辐射，免疫调节	卫食健字（2003）第0257号	2003-03-18	茶叶提取物、沙棘籽油、葡萄籽提取物	每100g内容物含：茶多酚11.2g、原花青素7.5g、亚油酸16.0g、亚麻酸11.9g	接触辐射者、免疫力低下者		每日3次，每次1粒	0.55g/粒

（续）

序号	产品名称	保健功能	批准文号	批准日期	主要原料	功能/标志性成分及含量	适宜人群	不适宜人群	食用方法及用量	产品规格
9	御室牌豆葡丸	祛黄褐斑	国食健字G20110394	2011-06-30	大豆提取物、葡萄籽、蜂蜜	每100g含:大豆异黄酮5.55g、原花青素5.00g	有黄褐斑的成年女性	少年儿童、孕妇、哺乳期妇女、妇科肿瘤患者及有妇科肿瘤家族病史者	每日2次，每次1袋	1.0g/袋
10	三也真品牌葡灵安软胶囊	免疫调节	国食健字G20040488	2004-04-15	葡萄籽提取物、灵芝提取物、植物油	每100g含:原花青素2.38g、粗多糖10.2g	免疫力低下者	少年儿童	每日1次，每次2粒	0.5g/粒
11	诺康莱牌葡萄籽胶囊	延缓衰老，调节血脂	国食健字G20040563	2004-04-15	葡萄籽提取物、人参提取物、玉米淀粉	每100g含:原花青素10.6g、人参皂苷1.68g	中老年人、血脂偏高者	少年儿童、孕妇、哺乳期妇女	每日1～2次，每次2粒	0.25g/粒

（续）

序号	产品名称	保健功能	批准文号	批准日期	主要原料	功能/标志性成分及含量	适宜人群	不适宜人群	食用方法及用量	产品规格
12	同仁雪康牌红曲葡萄籽胶囊	辅助降血脂	国食健字G20140128	2014-02-27	红曲米、米糠提取物、葡萄籽提取物	每100g含:洛伐他汀290mg、原花青素7g、二十八烷醇600mg	血脂偏高者	少年儿童、孕妇、哺乳期妇女	每日1次，每次3粒，餐后口服	0.36g/粒
13	淘源记®蜂胶软胶囊	增强免疫力	国食健字G20041369	2004-12-06	蜂胶提取物、葡萄籽提取物、小麦胚芽油	每100g含：二十二碳六烯酸(DHA)0.6g、牛磺酸2.2g、锌79.0mg	需要改善记忆的青少年	7岁以下儿童	每日3次，每次2片，咀嚼食用	1.5g/片
14	华达牌源花宝胶囊	延缓衰老，免疫调节	卫食健字（2003）第0278号	2003-03-18	葡萄籽提取物、枸杞提取物、蛋白硒	每100g含：总黄酮4 900mg、原花青素4 600mg	免疫力低下者	婴幼儿、少年儿童、孕妇	每日3次，每次1粒，温开水空腹	450mg/粒

（续）

序号	产品名称	保健功能	批准文号	批准日期	主要原料	功能/标志性成分及含量	适宜人群	不适宜人群	食用方法及用量	产品规格
15	华清美恒牌华清美乐颗粒	辅助降血脂	国食健字G20050187	2005-03-15	大豆磷脂、银杏叶提取物、葡萄籽提取物	每100g含：总黄酮220 mg、原花青素760mg	血脂偏高者	少年儿童	每日1次，每次1袋，温开水冲饮，亦可加入牛奶、豆奶中饮用	10g/袋
16	兆康牌青花素胶囊	祛黄褐斑	卫食健字（2003）第0214号	2003-03-07	丹参提取物、珍珠粉、葡萄籽提取物	每100g含:原花青素8.75g、钙15.2g	有黄褐斑者	少年儿童	每日3次，每次2粒，温开水送食	0.4g/粒
17	京蜂牌蜂胶靓颜软胶囊	祛黄褐斑，对辐射危害有辅助保护功能	国食健字G20060006	2006-01-31	蜂胶、葡萄籽提取物、当归提取物、橄榄油	每100g含：总黄酮3.85 g、原花青素8.1g	有黄褐斑者、接触辐射者	少年儿童、蜂胶过敏者	每日2次，每次2粒	0.5g/粒

（续）

序号	产品名称	保健功能	批准文号	批准日期	主要原料	功能/标志性成分及含量	适宜人群	不适宜人群	食用方法及用量	产品规格
18	中科牌葡萄籽灵芝胶囊	抗氧化	国食健字G20060596	2013-09-23	葡萄籽提取物、灵芝提取物	每100g含:原花青素 49.1g、粗多糖 5.4g	中老年人	少年儿童	每日2次，每次1粒,口服	650mg/粒
19	嘉融牌舒尔软胶囊	抗氧化	国食健字G20041192	2004-10-25	葡萄籽提取物、葡萄籽油、南瓜籽油、维生素E	每100g含:原花青素 13.12g、维生素E1.40g	中老年人	少年儿童	每日2次，每次1粒	800mg/粒
20	葡氏牌葡萄籽灵芝枸杞胶囊	辅助改善记忆	国食健字G20110043	2011-01-28	葡萄籽提取物、枸杞提取物、灵芝提取物	每100g含:粗多糖2.0g、原花青素10.0g	需要改善记忆的少年儿童		每日3次，每次2粒，口服	0.35g/粒

（续）

序号	产品名称	保健功能	批准文号	批准日期	主要原料	功能/标志性成分及含量	适宜人群	不适宜人群	食用方法及用量	产品规格
21	康生健牌参葡胶囊	增强免疫力，抗氧化	国食健字G20080055	2008-01-17	葡萄籽提取物、西洋参提取物、枸杞提取物、淀粉	每100g含:原花青素20.2g、总皂苷6.0g	免疫力低下者、中老年人	少年儿童	每日2次，每次2粒	0.25g/粒
22	华达牌葡核葆胶囊	抗疲劳，耐缺氧	卫食健字（2003）第0080号	2003-02-13	葡萄籽提取物、人参提取物、枸杞提取物、维生素C	每100g中含:总皂苷（以人参皂苷Re计）5.7g、粗多糖（以葡聚糖计）17.6g、原花青素6.9g、维生素C11.2g	易疲劳者、处于缺氧环境者	少年儿童	每日2次，每次2粒	450mg/粒
23	中生牌康尔胶囊	增强免疫力	国食健字G20100550	2018-07-15	葡萄籽提取物、黄芪提取物、当归提取物、硬脂酸镁	每100g含:原花青素6.9g、粗多糖10.0g	免疫力低下者	少年儿童	每日2次，每次3粒，口服	0.25g/粒

（续）

序号	产品名称	保健功能	批准文号	批准日期	主要原料	功能/标志性成分及含量	适宜人群	不适宜人群	食用方法及用量	产品规格
24	玉环春牌怡乐胶囊	抗氧化	国食健字G20110187	2016-01-27	聚葡萄糖、大豆提取物、葡萄籽提取物、硬脂酸镁	每100g含:原花青素15.3g、大豆异黄酮5.7g（大豆苷5.28g、大豆苷元0.060g、染料木苷0.351g、染料木素0.009g）	中老年女性	少年儿童、孕妇、哺乳期妇女、妇科肿瘤患者及有妇科肿瘤家族病史者	每日1次，每次2粒	0.5g/粒
25	阳光人生牌绿源软胶囊	调节血脂	卫食健字（2001）第0342号	2001-11-14	南瓜籽提取液、葡萄籽提取物、维生素E	每100g含:亚油酸63g、原花青素15g	血脂偏高者	少年儿童	每日2粒	0.5g/粒
26	生物谷牌维益欣片	延缓衰老	卫食健字（2001）第0266号	2001-09-21	葡萄籽提取物、维生素E、葡萄糖酸锌	每100g含:原花青素25.0g、维生素E1.5g、锌1.0g	中老年人	少年儿童	每日2次，每次1片	200mg/片

（续）

序号	产品名称	保健功能	批准文号	批准日期	主要原料	功能/标志性成分及含量	适宜人群	不适宜人群	食用方法及用量	产品规格
27	朗天牌格瑞斯片	延缓衰老	卫食健字（2001）第0266号	2001-09-21	葡萄籽提取物、维生素E、葡萄糖酸锌	每100g含：原花青素25.0g、维生素E 1.5g、锌1.0g	中老年人	少年儿童	每日2次，每次1片	200mg/片
28	驻美牌丽尔姿胶囊	祛黄褐斑	国食健字G20120457	2017-10-24	当归提取物、白芷提取物、红花提取物、葡萄籽提取物、珍珠粉、淀粉	每100g含：原花青素4.0g、钙2.7g、粗多糖8.0g	有黄褐斑者	少年儿童、孕妇、哺乳期妇女、月经过多者	每日2次，每次3粒，口服	0.45g/粒
29	车族康牌颐元胶囊	抗氧化，增强免疫力	国食健字G20140634	2014-04-16	葡萄籽提取物、黄芪提取物、枸杞提取物、山楂提取物、糊精、硬脂酸镁	每100g含：原花青素33.4g、粗多糖13.34g	中老年人、免疫力低下者	少年儿童、孕妇、哺乳期妇女	每日早晚各2粒，温开水口服	0.30g/粒

（续）

序号	产品名称	保健功能	批准文号	批准日期	主要原料	功能/标志性成分及含量	适宜人群	不适宜人群	食用方法及用量	产品规格
30	安惠牌夕阳红胶囊	祛黄褐斑，增强免疫力	国食健字G20100691	2010-10-22	灵芝提取物、葡萄籽提取物、枸杞提取物、油菜花粉、丹参提取物	每100g含:粗多糖17g、原花青素3.0g	有黄褐斑者、免疫力低下者	少年儿童、孕妇、哺乳期妇女	每日3次，每次3粒	500mg/粒
31	华元优泰牌华元胶囊	增强免疫力	国食健字G20150773	2015-08-21	茶多酚、葡萄籽提取物、黄芪提取物、山茱萸提取物、银杏叶提取物	每100g含：茶多酚13g、原花青素10g、粗多糖6g	免疫力低下者	少年儿童、孕妇、乳母	每日2次，每次3粒，口服	0.4g/粒
32	萌利牌多原胶囊	延缓衰老	国食健字G20040415	2004-04-15	茶叶提取物、葡萄籽提取物、维生素C、淀粉	每100g含:茶多酚16g、原花青素4.0g	中老年人	少年儿童	每日1次，每次2粒	280mg/粒

（续）

序号	产品名称	保健功能	批准文号	批准日期	主要原料	功能/标志性成分及含量	适宜人群	不适宜人群	食用方法及用量	产品规格
33	绿枝堂牌葡萄籽绿茶胶囊	抗氧化	国食健字G20150243	2015-03-17	葡萄籽提取物、绿茶提取物、淀粉、硬脂酸镁	每100g含:原花青素17g、茶多酚1.8g	中老年人	少年儿童	每日2次，每次1粒，口服	0.5g/粒
34	爱灵生乐牌灵芝孢子红景天胶囊	缓解体力疲劳，提高缺氧耐受力	国食健字G20100668	2010-10-22	红景天提取物、破壁灵芝孢子粉、葡萄籽提取物	每100g含：红景天苷2.0g、总三萜1.5g、原花青素2.0g	易疲劳者、处于缺氧环境者	少年儿童、孕妇、哺乳期妇女	每日1次，每次2粒	300mg/粒
35	海思福得牌百谓宁胶囊	对胃黏膜有辅助保护功能	国食健字G20060714	2006-08-29	绿茶提取物、葡萄籽提取物、硒化卡拉胶、壳聚糖	每100g含:原花青素10.14g、茶多酚19.06g、硒4.74mg	轻度胃黏膜损伤者	儿童	每日2次，每次2粒	200mg/粒

（续）

序号	产品名称	保健功能	批准文号	批准日期	主要原料	功能/标志性成分及含量	适宜人群	不适宜人群	食用方法及用量	产品规格
36	洪婺牌茶清胶囊	辅助降血脂，抗氧化	国食健字G20130070	2013-01-31	葡萄籽提取物、绿茶提取物、淀粉、硬脂酸镁	每100g含:原花青素17.9g	血脂偏高者、中老年人	少年儿童	每日3次,每次2粒，口服	0.24g/粒
37	棒棰岛牌抗氧化胶囊	抗氧化	国食健字G20140626	2014-04-16	海参粉、葡萄籽提取物、丹参提取物、淀粉、硬脂酸镁	每100g含:蛋白质20g、原花青素7.5g	中老年人	少年儿童、孕妇、哺乳期妇女	每日2次,每次3粒，口服	0.4g/粒
38	桑海R施诺达胶囊	缓解视疲劳，对辐射危害有辅助保护功能	国食健字G20090519	2009-12-08	越橘提取物、葡萄籽提取物、维生素A、维生素C、淀粉	每100g含:原花青素8.03g、维生素C 3.752 g、维生素A 50.4 mg	视力易疲劳者、接触辐射者		每日2次,每次1粒，口服	0.45g/粒

（续）

序号	产品名称	保健功能	批准文号	批准日期	主要原料	功能/标志性成分及含量	适宜人群	不适宜人群	食用方法及用量	产品规格
39	普众人牌抗氧化胶囊	抗氧化	国食健字G20120631	2012-12-20	大豆肽、葡萄籽提取物、沙棘提取物、淀粉、硬脂酸镁	每100g含：蛋白质16.9g、原花青素5.9g、总黄酮1.0g	中老年人	少年儿童	每日2次，每次2粒，口服	380mg/粒
40	宝健牌葡萄籽玫瑰颗粒	祛黄褐斑，改善胃肠道功能（润肠通便）	卫食健字（2003）第0420号	2003-06-04	玫瑰花提取物、葡萄籽提取物、低聚果糖粉	每100g含：前花青素690mg	有黄褐斑者、便秘者	儿童	每日2次，每次1袋，用温水冲调溶解后饮用	7.0g/袋
41	顺芝堂牌灵芝孢子粉花青胶囊	增强免疫力	国食健字G20050380	2005-06-15	灵芝孢子粉、葡萄籽提取物	每100g含：粗多糖584mg、原花青5 240mg	免疫力低下者	少年儿童	每日3次，每次4粒，饭前半小时服用最佳	0.225g/粒

（续）

序号	产品名称	保健功能	批准文号	批准日期	主要原料	功能/标志性成分及含量	适宜人群	不适宜人群	食用方法及用量	产品规格
42	海维牌欣能胶囊	辅助降血脂	国食健字G20100593	2010-09-07	三七提取物、红花提取物、银杏叶提取物、红景天粉、葡萄籽提取物、葡萄皮提取物	每100g含:白藜芦醇400mg、总皂苷3.9g、总黄酮1.5g、原花青素2.1g	血脂偏高者	少年儿童、孕期及哺乳期妇女、月经过多者	每日早晚各1次，每次4粒，餐后食用	0.6g/粒
43	顶健牌葡参胶囊	延缓衰老	卫食健字（2003）第0069号	2003-02-13	葡萄籽提取物、维生素C、西洋参	每100g含:维生素C16.1g、原花青素5.8g、总皂苷2.2g	中老年人	少年儿童、孕妇	每日2次，每次1粒	0.5g/粒
44	顶健牌葡参胶囊	延缓衰老	卫食健字（2003）第0069号	2003-02-13	葡萄籽提取物、维生素C、西洋参	每100g含:维生素C 16.1g、原花青素5.8g、总皂苷2.2g	中老年人	少年儿童、孕妇	每日2次，每次1粒	0.5g/粒

（续）

序号	产品名称	保健功能	批准文号	批准日期	主要原料	功能/标志性成分及含量	适宜人群	不适宜人群	食用方法及用量	产品规格
45	集谷牌葡苏油软胶囊	调节血脂	国食健字G20041309	2004-11-08	葡萄籽提取物、何首乌、苏子油	每100g含：α-亚麻酸28.6g、原花青素4.71g	血脂偏高者	少年儿童	每日3次，每次2粒	0.5g/粒
46	金葡牌葡萄籽维生素E胶囊	抗氧化	国食健字G20120406	2012-10-10	葡萄籽提取物、维生素E、淀粉、硬脂酸镁	每100g含：原花青素25.4g、维生素E3.5g	中老年人	少年儿童、孕妇、哺乳期妇女	每日1次，每次2粒，口服	0.4g/粒
47	金汉牌葡珍胶囊	祛黄褐斑	卫食健字（2003）第0058号	2003-02-13	葡萄籽提取物、珍珠粉、丹参、当归	每100g含：原花青素7 560mg、丹参酮IIA 14.88mg	有黄褐斑者	少年儿童	每日3次，每次2粒，温开水口服	0.4g/粒
48	诗贝特牌保灵克莱片	免疫调节	国食健字G20040128	2004-01-21	西洋参、玉米花粉、葡萄籽提取物、糊精	每100g含：总皂苷1.63g、原花青素3.64g	免疫力低下者	少年儿童	每日2次，每次2片	1g/片

（续）

序号	产品名称	保健功能	批准文号	批准日期	主要原料	功能/标志性成分及含量	适宜人群	不适宜人群	食用方法及用量	产品规格
49	莱茵牌清亦康胶囊	辅助降血脂	国食健字G20060629	2016-01-25	银杏叶、罗汉果、黄芪、桑叶、葡萄籽提取物	每100g含:总黄酮 95.58mg、总皂苷 979mg、原花青素 1.7g	血脂偏高者	少年儿童	每日3次，每次2粒，口服	0.5g/粒
50	荣格牌妙妙胶囊	减肥、祛黄褐斑	卫食健字（2003）第0133号	2003-03-07	魔芋粉、泽泻、荷叶、珍珠粉、葡萄籽提取物	每100g含:膳食纤维 22.9g、原花青素 5.6g	单纯性肥胖人群、有黄褐斑者	少年儿童、孕妇、哺乳期妇女	每日3次，每次3粒，饭前20分钟温开水送服	0.5g/粒
51	维欧美牌靓丽胶囊	祛黄褐斑	国食健字G20040629	2004-06-02	葡萄籽提取物、当归、红花、白芷、丹参	每100g含:原花青素 11.8g	有黄褐斑者	儿童、孕妇、哺乳期妇女、月经过多者	每日2次，每次3粒	0.3g/粒

（续）

序号	产品名称	保健功能	批准文号	批准日期	主要原料	功能/标志性成分及含量	适宜人群	不适宜人群	食用方法及用量	产品规格
52	秋子R葡萄籽胶囊	延缓衰老	卫食健字（2002）第0578号	2002-08-27	葡萄籽提取物（OPC）、淀粉、乳糖、硬脂酸镁	每100g中含：原花青素12.4g	中老年人	少年儿童	每日3次，每次2粒	0.2g/粒
53	神谷牌蜂胶番茄红素软胶囊	增强免疫力，对胃黏膜有辅助保护功能	国食健字G20041223	2004-10-12	蜂胶、番茄红素、葡萄籽提取物、橄榄油	每100g含：总黄酮116mg、番茄红素300mg、原花青素5 540mg	免疫力低下者、轻度胃黏膜损伤者	儿童	每日2次，每次2粒，温开水送服	0.8g/粒
54	碧优缇牌原花青素美容胶囊	祛黄褐斑	卫食健字（2001）第0396号	2001-11-29	葡萄籽提取物（OPC）、维生素C、维生素E	每粒胶囊含：葡萄籽提取物（OPC）50mg、维生素C 25mg、维生素E 25 mg	有黄褐斑者	少年儿童	每日2次，每次2粒	0.3g/粒

（续）

序号	产品名称	保健功能	批准文号	批准日期	主要原料	功能/标志性成分及含量	适宜人群	不适宜人群	食用方法及用量	产品规格
55	知蜂堂牌紫金多芬口服液	免疫调节，延缓衰老	国食健字G20040018	2004-01-09	蜂胶、葡萄籽提取物（OPC）、食用酒精	每100g含：总黄酮（以芦丁计）7.34g、原花青素9.2g	中老年人、免疫力低下者	婴儿、少年儿童及过敏体质者	每日2次，每次0.5mL	20mL/瓶、50mL/瓶
56	生生绿谷牌泰若舒胶囊	对化学性肝损伤有辅助保护功能	国食健字G20050920	2013-03-13	人参、枸杞、葡萄籽提取物	每100g含：原花青素5.05g、总皂苷2.85g	有化学性肝损伤危险者	少年儿童、孕妇、乳母	每日2次，每次3粒，口服	0.38g/粒
57	瑞祥牌葡茶多酚胶囊	抗氧化	国食健字G20160020	2010-08-10	茶多酚、葡萄籽提取物、维生素C	每100g含：茶多酚22.6g、原花青素11.3g、维生素C 8.05g	中老年人	少年儿童	每日2次，每次3粒	0.3g/粒

（续）

序号	产品名称	保健功能	批准文号	批准日期	主要原料	功能/标志性成分及含量	适宜人群	不适宜人群	食用方法及用量	产品规格
58	清川牌路通胶囊	调节血脂	卫食健字（2003）第0073号	2003-02-13	葡萄籽提取物、脱乙酰甲壳素、红曲	每100g含：原花青素3.9g、洛伐他丁0.16g	血脂偏高者	少年儿童	每日2次，每次3粒	450mg/粒
59	添康采牌芙蓉胶囊	祛黄褐斑	国食健字G20060065	2006-01-12	当归、川芎、白芷、葡萄籽提取物	每100g含:原花青素10.7g、总黄酮0.58g	有黄褐斑者	少年儿童	每日3次，每次2粒，温开水送服	0.4g/粒
60	深奥牌修盛胶囊	增强免疫力	国食健字G20110245	2011-03-14	西洋参粉、海参冻干粉、葡萄籽提取物	每100g含：总皂苷0.94g、原花青素2.4g	免疫力低下者	少年儿童、孕妇、哺乳期妇女	每日2次，每次2粒	0.4g/粒
61	海之圣牌葡萄籽胶囊	增强免疫力	国食健字G20041171	2004-10-25	葡萄籽提取物、钝顶螺旋藻	每100g含:原花青素30.17g	免疫力低下者	儿童	每日3粒	0.3g/粒

（续）

序号	产品名称	保健功能	批准文号	批准日期	主要原料	功能/标志性成分及含量	适宜人群	不适宜人群	食用方法及用量	产品规格
62	松树牌双福软胶囊	延缓衰老	卫食健字（2000）第0441号	2000-09-27	葡萄籽提取物、棕榈油、蜂蜡、色拉油等	每100g中含：原花青素（OPC）≥1.58g	中老年人	少年儿童	每日2次，每次1粒	0.5g/粒
63	敏源清牌敏源清胶囊	增强免疫力	国食健字G20050311	2005-04-25	葡萄籽提取物、人参、黄芪、枸杞、淀粉	每100g含：总皂苷1.45g	免疫力低下者	少年儿童、孕妇	每日2次，每次2粒	0.3g/粒
64	恩世牌安普胶囊	抗氧化	国食健字G20060534	2006-04-29	葡萄籽提取物、维生素E、淀粉	每100g含：原花青素22.6g、维生素E 19.4g	中老年人	少年儿童	每日3次，每次1粒	0.15g/粒
65	康尔森牌润畅颐颜口嚼片	改善胃肠道功能（润肠通便），祛黄褐斑	国食健字G20040063	2004-01-09	大豆低聚糖粉、葡萄籽提取物	每100g含：大豆低聚糖（以棉籽糖计）20.8g、原花青素1 010mg	便秘者、有黄褐斑者	儿童	每日早晚各1次，每次6片	2g/片

（续）

序号	产品名称	保健功能	批准文号	批准日期	主要原料	功能/标志性成分及含量	适宜人群	不适宜人群	食用方法及用量	产品规格
66	婉香年华牌大豆异黄酮胶囊	延缓衰老，祛黄褐斑	国食健字G20040957	2004-08-20	大豆异黄酮、葡萄籽提取物原花青素	每100g含:大豆异黄酮4.0g、原花青素14.3g	中老年人、有黄褐斑者	少年儿童	每日2次，每次2粒	300mg/粒
67	奕采胶囊	祛黄褐斑	国食健字G20041264	2004-10-12	葡萄籽提取物、灵芝、大豆异黄酮、蜂胶	每100g含:原花青素12.4g、总黄酮540mg	有黄褐斑者	少年儿童	每日2次，每次2粒	300mg/粒
68	天狮牌参原蜂胶片	抗疲劳，抗辐射	卫食健字（2002）第0612号	2002-08-30	西洋参、蜂胶、珍珠母、葡萄籽提取物（OPC）	每100g含:总黄酮2 030 mg、总皂苷1 350 mg、原花青素10.0g	易疲劳者、接触辐射者	少年儿童	每日3次，每次1片	0.6g/片

（续）

序号	产品名称	保健功能	批准文号	批准日期	主要原料	功能/标志性成分及含量	适宜人群	不适宜人群	食用方法及用量	产品规格
69	圣泰牌甘露胶囊	对化学性肝损伤有辅助保护作用	国食健字G20040542	2004-04-30	五味子、蜂胶、葛根、葡萄籽提取物、淀粉	每100g含:原花青素9.48g、五味子甲素0.21g、总黄酮2.71g	有化学性肝损伤危险者	少年儿童	每日2次，每次2粒	0.5g/粒
70	唯亿康[R]红曲葡萄籽胶囊	辅助降血脂	国食健字G20140286	2014-03-18	红曲粉、葡萄籽提取物、淀粉、硬脂酸镁	每100g含:洛伐他汀0.562g、原花青素12.75g	血脂偏高者	少年儿童、孕妇、哺乳期妇女	0.4g/粒	